Spektakuläre
BERGGIPFEL

Herausgeber
Balthazar Pagani

Layout
Davide Canesi / PEPE *nymi*

whitestar

WS whitestar™ ist ein Markenzeichen von White Star s.r.l.

Piazzale Luigi Cadorna, 6
20123 Mailand, Italien
www.whitestar.it

Übersetzung: Annette Ostlaender
Korrekturlesen: Dietmar Schmitz

ISBN 978-88-6312-634-1
1 2 3 4 5 6 28 27 26 25 24

Gedruckt in China

~ NICOLA BALOSSI RESTELLI ~

Spektakuläre BERGGIPFEL

Berühmte Gipfel, Berge mit glorreicher Geschichte und Orte von tiefer Spiritualität

whitestar

· INHALT ·

IN GROSSER HÖHE

Schnell, frenetisch, immer tiefer eingesaugt in den betäubenden Lebensraum unserer Bildschirme, laufen wir Gefahr, den Kontakt zur Gegenwart zu verlieren. Aber es gibt eine Kraft, die sich beharrlich in die entgegengesetzte Richtung bewegt und unseren Horizont auf den Kopf zu stellen vermag: Es ist die Stimme der Natur, mit all ihren Nuancen, vom leisen Flüstern bis zum gebieterischen Befehl. Sie erinnert uns daran, dass wir nur Staub im Universum sind, aber auch glückliche Geschöpfe, die ihre Unermesslichkeit genießen können. Oft sind es Orte oder bezaubernde und unzugängliche Elemente wie das Meer, die zu uns sprechen, uns sanft einlullen oder mit einer einfachen Bewegung vernichten können. Salzig, bitter, trocken und einsam und doch voller Leben. Nicht unähnlich ist der Berg, groß und wohlwollend, funkelnd in seiner Pracht und zurückhaltend in seinen verborgenen Falten. Anziehend wie ein Schwindelgefühl oder manchmal wie eine Umarmung, aber weit entfernt und fast grausam in seiner strahlenden Gleichgültigkeit. Großzügig, bereit, seine Ressourcen und seine Schönheit zu teilen, und doch uneinnehmbar, da er nur sich selbst beherrscht. Bei der Gestaltung dieses Buches wurde uns klar, dass jeder Berg eine reiche und facettenreiche Welt ist, die sich kaum zusammenfassen lässt, aber wir wollten dennoch ein Porträt, das Emotionen und Gedanken hervorrufen kann, zeichnen. Da wir nicht genau wussten, wo ein Berg beginnt, starteten wir mit dem Gipfel. Von allen Seiten betrachtet, ist er mehr als ein bloßes Ziel, er ist die konkrete Form der Idee eines Ziels; greifbar und hart wie der Fels, aus dem er besteht, und doch gleichzeitig abstrakt und symbolisch. Der Gipfel wird aus der Ferne betrachtet und lange Zeit erträumt, er wird studiert, geliebt und oft zu einer Besessenheit. Manchmal wird er nach langer Mühsal erreicht. Aber in dem Moment, in dem die Fahne gehisst wird, ist es schon wieder Zeit, aufzubrechen, denn schließlich macht der Gipfel nur aus einer gewissen Entfernung Sinn – vom Gipfel aus können wir den Gipfel nicht sehen. Alles, was von solchen Ambitionen bleibt, ist ein Foto und die Erinnerung an ein hastig gegessenes Sandwich. Die von uns ausgewählten Berge liegen verstreut in allen Ecken der Welt und sind umgeben von großen und romantischen, oft geheimnisvollen Geschichten. Ihre Energie, die man schon auf Fotos und Zeichnungen wahrnehmen kann, hat den Menschen oft zu mystischen Gedanken inspiriert. Für jedes unserer Porträts haben wir ein paar Pinselstriche ausgewählt, die die Geschichte in wenigen Zeilen erzählen können, ohne das reine und einfache Bild zu beeinträchtigen. In den meisten Fällen waren wir selbst nicht auf diesen Gipfeln, aber wir haben uns von ihren hypnotischen Formen verzaubern lassen, sind in die Welten eingetaucht, die sich zu ihren Füßen entfalten, haben uns in dem Bewusstsein überraschen lassen, dass jeder Gipfel ein Streben ist, eine Idee, die auch dann Sinn macht, wenn man ihn nie erreicht. Das Spiel der Gegensätze ist unvermeidlich, denn das, was der Mensch erobert, ist das Unbezwingbarste und Fernste, aber diese Ferne ist das Echo von etwas Intimem und Ursprünglichem in uns. Dieses Buch soll Samen in die Seelen derjenigen säen, die die Berge häufig besuchen und erleben, aber auch in die derjenigen, die wenig über sie wissen. Wir sind überzeugt, dass der Mensch sich in zwei Kategorien einteilen lässt: Die einen lieben die Berge und die anderen lieben sie auch, wissen es aber noch nicht.

Alaska, USA

DENALI
(ehem. MOUNT McKINLEY)

Höhe: 6190 m ü.d.M.
Prominenz: 6155 m
Topografische Isolation:: 7436,9 km
Koordinaten: Breitengrad 63°04'10" N; Längengrad 151°00'24" O
Referenzort: Talkeetna

GOLDENE ANGELEGENHEITEN

Er ist Teil der Alaska-Bergkette und liegt im Zentrum des Denali Nature Park and Reserve. Er besteht aus zwei ständig mit Schnee bedeckten Granitgipfeln. Der Südgipfel ist der höchste des Kontinents, während der Nordgipfel 5934 m hoch ist. Er beherbergt fünf große Gletscher. Trotz seines breiten, flachen Profils wirkt der Denali wahrhaft monumental. Das liegt zum Teil daran, dass er im Verhältnis zu dem nur 700 m hohen Plateau, auf dem er ruht, sehr hoch ist.

Für die Ureinwohner von Athabaska war er einfach Denali, was „der Große" oder „der Hohe" bedeutet, während der benachbarte, niedrigere Gipfel „Denalis Frau" genannt wurde. Die Kultur derjenigen, die sich in dieser unwirtlichen Gegend niederließen, basierte auf dem Respekt und der Verehrung der natürlichen Elemente, und vielleicht war dies auch die einzige Möglichkeit, hier zu überleben.

Es ist kein Wunder, dass die Amerikaner, die Alaska 1867 von Russland kauften, nicht allzu viel Respekt vor diesen Traditionen hatten. Deshalb hatten sie auch kein Problem damit, den ehrwürdigen Berg nach William McKinley umzubenennen, einem Bürgerkriegsveteranen und dem 25. Präsident der Vereinigten Staaten, der zu Beginn seiner zweiten Amtszeit im September 1901 ermordet wurde. McKinley war zwar nie auf dem Denali gewesen, aber er hatte die Gegend beeinflusst, indem er den Goldrausch ankurbelte, da er den Goldanteil in der Zusammensetzung der Münzen und folglich deren Wert erhöhte.

IN DIE WILDNIS

~

Wer weiß, was er denkt – falls er denkt? Wer weiß, ob er sich dazu herablässt, den menschlichen Angelegenheiten Aufmerksamkeit zu schenken, und seien es nur die, die ihn betreffen?

Wer weiß, ob er, der höchste Gipfel des nordamerikanischen Kontinents, gerührt war, als er während der Präsidentschaft Obamas im Jahr 2015 seinen alten Namen zurückerlangte, nach einem langen und holprigen Streit, der 1975 von der Bundesregierung Alaskas eingeleitet wurde, aber von den Gouverneuren Ohios, dem Heimatort von William McKinley, in jeder Hinsicht abgelehnt wurde?

Wer weiß, ob das unparteiische Auge des Bergs angesichts der Qualen von Christopher McCandless (alias Alexander Supertramp, dessen – wahre – Geschichte den Film *In die Wildnis: Allein nach Alaska* nach dem gleichnamigen Buch inspiriert hat) von Tränen verhüllt war? McCandless erlitt in dieser Wildnis unerdenkliche Qualen, bevor er sich in der atavistischen Verbundenheit mit der Natur wiederfand und sich im schönsten Moment wegen einer giftigen Beere verlor. Wir werden es nie erfahren, aber wir kennen die Wirkung dieser unangefochtenen Domina Nordamerikas, die mehr oder weniger gleich weit entfernt ist vom Himalaya und den großen Gebirgsketten Südamerikas, mehr als 7000 km entfernt von jedem Punkt, der höher ist als sie. Stummer Respekt breitet sich von dieser Höhe auf die gesamte Umgebung aus, eine kraftvolle Wiederherstellung der demütigen Unterwerfung des Menschen unter Mutter Natur, eine Ordnung der Dinge, die wir allzu oft ignorieren, gefangen in unseren eigenen erstickenden und selbstbezogenen Metropolen.

DIE FEHLSCHLÄGE UND DER ERFOLG

DER GIPFEL DES DENALI IST NICHT JEDERMANNS SACHE. AUCH HEUTE NOCH ENDET ETWA DIE HÄLFTE ALLER BESTEIGUNGSVERSUCHE MIT EINER AUFGABE ODER EINEM FEHLSCHLAG, VOR ALLEM WEGEN DER UNERTRÄGLICHEN TEMPERATUREN (DURCHSCHNITTLICH −40 °C), STARKEM SCHNEEFALL, HEFTIGEM STURM UND WENIGEN TAGESLICHTSTUNDEN IM WINTER, DIE ZUSAMMENGENOMMEN DIE BESTE ZEIT FÜR EINE BESTEIGUNG AUF DIE MONATE MAI UND JUNI REDUZIEREN.

Wenig überraschend gelang die Erstbesteigung erst nach einer Reihe von Fehlschlägen. Im Jahr 1906 erklärte der Entdecker Frederick Cook das Ziel bei seinem dritten Versuch als erreicht und beschrieb seine Anstrengungen in einem Buch, komplett mit fotografischer Dokumentation. Leider stellte sich später heraus, dass er nicht den richtigen Gipfel erreicht hatte, sondern einen anderen, der 10 km entfernt lag. Die umstrittene Affäre fand erst 1956 ein Ende, als zwei Bergsteiger genau die falsche Stelle identifizierten, die durch Cooks Foto verewigt worden war. Sicherlich amüsanter muss der zweite Fehlschlag gewesen sein, zumin-

dest nach den Rekonstruktionen, die uns erreichen. Im Jahr 1910 beschloss eine Gruppe von Bergsteigern während eines alkoholisierten Abends in Fairbanks, diesen ebenso faszinierenden wie unwegsamen Gipfel zu bezwingen. Der Saloonbesitzer und ein Whiskyverkäufer nahmen das Vorhaben der Jungs so ernst, dass sie anboten, den Ausflug zu finanzieren. Zu ihrer Überraschung erinnerten sich die Bergsteiger am nächsten Morgen noch an ihren nächtlichen Plan und hatten nicht die Absicht, einen Rückzieher zu machen. Und dann nahm die Expedition tatsächlich Gestalt an, denn Worte können nicht zurückgenommen werden. Es lief nicht ganz schlecht, aber auch nicht sehr gut, wenn es stimmt, dass die vier Bergsteiger, die nur allzu gerne auf den Erfolg der Besteigung anstießen, eine Fahne auf dem Nebengipfel aufstellten, während die Sponsoren von unten vergeblich versuchten, auf den Fehler hinzuweisen – aber sie verwechselten diese gestikulierenden Tiraden voller Selbstvertrauen mit einer unbändigen Jubelorgie. Im Jahr 1913 gelang es einer anderen Expedition unter der Leitung von Hudson Stuck auf derselben Route – die durch ein starkes Erdbeben im Sommer des Vorjahres, noch schwieriger geworden war – schließlich, den höchsten Gipfel Nordamerikas zu erklimmen, da auch das Wetter ihnen wohlgesonnen war.

Hawaii, USA

MAUNA LOA

Höhe: 4169 m ü.d.M.
Prominenz: 2158 m
Topografische Isolation: nicht festgelegt
Koordinaten: Breitengrad 19°28'46" N; Längengrad 155°36'9" W
Referenzort: Hauptinsel Hawaii

DER MOND AUF ERDEN

Das Paradoxe am modernen Menschen, der in engen und künstlichen Räumen zusammengepfercht und eingeengt ist, ist sein fast ungläubiges Staunen über das Ursprünglichste. Manchmal ist der Geruch von wilder Einsamkeit so stark, dass wir ihn nicht ertragen und sogar glauben, dass bestimmte Orte nicht in diese Welt gehören, weil sie zu natürlich sind. Wir wähnen uns auf dem Mond oder dem Mars, weil wir das ständige und beharrliche Plätschern des menschlichen Verkehrs vermissen, wir sind so sehr an die Verunstaltungen gewöhnt, dass wir ihre Abwesenheit kaum ertragen. In Wirklichkeit ist das, was uns fremd erscheint, die Erde in einer ihrer vielen gebieterischen Erscheinungsformen.

Das ist die Landschaft des Mauna Loa, so verwirrend, wie man es sich nur vorstellen kann. Wir befinden uns auf der Insel Hawaii, der größten des gleichnamigen Archipels, und dieser Vulkan ist mit einem geschätzten Volumen von 75.000 Kubikkilometern der größte aktive Vulkan der Welt.

Wenn man den Berg als Ganzes betrachtet, einschließlich des unter Wasser liegenden Teils (etwa 5000 m tief), übersteigt dieses Massiv 9000 m und ist damit höher als der Mount Everest. Die zerklüftete und wilde Landschaft erinnert unweigerlich an den Mond, aber in Wirklichkeit ist dieser Krater so irdisch, wie man es sich nur vorstellen kann, da er mit dem kochenden Inneren unseres Planeten verbunden ist. Der „lange Berg" ist vor etwa 400.000 Jahren entstanden und meldet sich in unregelmäßigen Abständen zu Wort. Seine Lava ergießt sich seit Jahrtausenden nach außen und hat die sanft abfallende Form entstehen lassen.

EINE LANGE PAUSE

~

Seit 1843 soll der Vulkan schätzungsweise 33 Mal ausgebrochen sein. Es gibt apokalyptische Beschreibungen aus dem 19. Jahrhundert, in denen Lavaströme mit voller Geschwindigkeit in Richtung Meer flossen und Tiere, Häuser und Menschen mit sich rissen. Im Jahr 1950 ereignete sich der heftigste Ausbruch in der Geschichte: Die Lava strömte in die Stadt Ho'okena-mauka und zerstörte Straßen und Häuser, aber durch einen glücklichen Zufall kam niemand ums Leben – es gibt einen eindrucksvollen Schwarz-Weiß-Film aus dieser Zeit. Erdbeben und Tsunamis, die auf verschiedene Weise mit den Eruptionen zusammenhängen, haben schwerwiegendere Schäden verursacht: 1868 zum Beispiel kosteten ein großer Erdrutsch und eine durch Bodenerschütterungen verursachte Flutwelle mehr als 70 Menschen das Leben und zerstörten viele Häuser. Seit 1984 aber hatte dieser Vulkan kein Lebenszeichen mehr von sich gegeben und die längste Pause seit Menschengedenken eingelegt. Dann, in den letzten Monaten des Jahres 2022, nahm die seismische Aktivität verdächtig zu, bevor es zu einem neuen, heftigen Ausbruch kam. Bei dieser letzten Gelegenheit kam es aber nicht zu Panik, sondern zu einem einzigartigen Eruptionstourismus. Auf dem Mauna Loa herrschen aufgrund der Kombination aus Höhe und Abgeschiedenheit ohnehin weltweit einzigartige Bedingungen. Deshalb wurde vor Ort eine meteorologische Station eingerichtet, die sehr zuverlässige Daten über die globale Kohlendioxidkonzentration liefern kann.

MYTHEN

ES GIBT VIELE GESCHICHTEN, DIE MEISTEN HANDELN VON PELE, DER GÖTTIN DES FEUERS, DIE ERZEUGEN UND ZERSTÖREN ODER SICH DURCH ZERSTÖRUNG REGENERIEREN KANN. ES IST EIN ZYKLISCHER PROZESS, DER ENG MIT DER KRAFT DER ELEMENTE VERBUNDEN IST. ES HEISST, SIE SEI VON TAHITI GEKOMMEN, UM DEM ZORN IHRER SCHWESTER NA-MAKA-O-KAHA'I, DER GÖTTIN DES OZEANS, DEREN MANN SIE VERFÜHRT HATTE, ZU ENTKOMMEN. DER GLEICHE GEFÄHRLICHE WEG WURDE VON DEN SPÄTEREN HAWAIIANERN BESCHRITTEN, DIE MIT TIEREN UND SAATGUT IN EINEM RIESIGEN KANU VOR DEN ÖRTLICHEN PRIESTERN, DIE ZU EHREN DES GOLDGOTTES MENSCHENOPFER FORDERTEN, FLOHEN.

Pele kann die Gestalt eines Mädchens von unwiderstehlicher Schönheit oder einer grimmigen und giftigen Hexe annehmen, ebenso wie ihr unbezwingbarer Charakter je nach Stimmung Glück oder Unglück bringen kann. So löste die mächtige Göttin einmal zur Bestrafung eines jungen Dorfvorstehers, der ihre Liebesangebote abgelehnt hatte – er war bereits verheiratet –, eine gewaltige Eruption aus. Es scheint, dass bis zum heutigen Tag viele Eruptionen durch die bloße Erinnerung an diese Abfuhr ausgelöst werden. Andererseits folgt auf jede Verwüstung ein Moment der Fruchtbarkeit und der Wiedergeburt, sodass Pele oft angerufen wird, um Momente des Stillstands zu überwinden und das Schicksal zu wenden. Ein weiterer Beweis für ihre Ambivalenz ist der Brauch, einen weißen Hund zu schicken, um die Bevölkerung vor einem Ausbruch zu warnen. Der Peridot, ein hellgrüner Stein, der auf der Insel häufig vorkommt, gilt als Peles Träne, und es ist streng verboten, ihn sich anzueignen. In der Tat ist es Tradition, dass jedem Unglück widerfährt, der es wagt, einen Stein aus dem Vulkan zu nehmen. Obwohl nicht jeder die Sache ernst nimmt, ist es eine erwiesene Tatsache, dass viele Übeltäter die unvorsichtig gestohlenen Souvenirs zurück auf die Insel schicken, weil sie überzeugt sind, dass sie ihnen Unglück gebracht haben. Kurzum, mit der Göttin Pele ist nicht zu spaßen.

Kalifornien, USA

HALF DOME

Höhe: 2694 m ü.d.M.
Prominenz: 414,5 m
Topografische Isolation: nicht festgelegt
Koordinaten: Breitengrad 37°44'45.73" N; Längengrad 119°31'58.58" W
Referenzort: Yosemite-Nationalpark

EINE KRALLE AM HIMMEL

Er sieht aus wie ein versteinerter Delfin, der gerade auftaucht. Vielleicht sieht er auch aus wie ein Raubvogel, aber Gipfel sind wie Wolken, jeder sieht, was er mag. Außerdem variiert die Wahrnehmung hier sehr stark je nach Blickwinkel, sodass wir nicht überrascht sein sollten, wenn der Gipfel die Züge eines Eichhörnchens, einer Krähe oder eines Pinguins annimmt. Auf jeden Fall erhebt sich dieser zerklüftete Granitfels mitten im Yosemite-Nationalpark. Zwei fest installierte Stahlseile ermöglichen es vielen Menschen, nach einer etwa eintägigen Wanderung seinen Gipfel zu erreichen. Der Half Dome ist in seiner Silhouette unbeweglich und zugleich dynamisch. Er verändert sich ständig, je nach dem Licht, das ihn im Laufe des Tages immer wieder anders färbt und zeichnet. Und er hatte reichlich Zeit, seine vielen Formen anzunehmen, denn er ist Teil eines riesigen Blocks aus magmatischem Gestein, der über Millionen von Jahren von Wasser und Gletschern geformt wurde. Hier, wo sich schroffe Gipfel mit üppigen Tälern inmitten von Flüssen, Wasserfällen und tausendjährigen Bäumen abwechseln, in einem Ökosystem, das dank des Nationalparks erhalten geblieben ist, reicht die Anwesenheit des Menschen mehr als 3000 Jahre zurück. Die Ureinwohner, insbesondere die Ahwahnechee, bevölkerten diese Gebiete lange Zeit, bevor sie von den Siedlern ab der Mitte des 19. Jahrhunderts ausgerottet wurden. Glücklicherweise setzte die aufgeklärte Initiative einiger weniger – allen voran der Naturforscher John Muir – den Prozess in Gang, der zur Einrichtung des Parks (die schließlich 1916 erfolgte) führte, bevor dieses Juwel durch menschliche Einflüsse ruiniert werden konnte.

HERAUSFORDERUNGEN

Der Half Dome lässt sich gut aus der Ferne betrachten. Nach einigen erfolglosen Versuchen, ihn zu besteigen, erklärte der Geologe Josiah Whitney im 19. Jahrhundert, dass dieser Gipfel für Menschen unbezwingbar sei. Sicherlich wäre er heute erstaunt, wenn er die tägliche Prozession Hunderter Menschen zu dem Ort sehen würde, der ihm verwehrt war. Aber in der Zwischenzeit sind auch andere, weitaus schroffere und undurchlässigere Routen begangen worden.

George Anderson hinterließ den ersten Fußabdruck auf dem Gipfel, nachdem er mithilfe von Haken die 45 Grad steile Granitplatte bezwang. Die Eroberungen der anderen Wände waren komplexer und erfolgten später. Erst 1946 kam der Schweizer John Salathé zusammen mit Ax (Anton) Nelson einem sechsköpfigen Team an der Südwestwand zuvor. Wie so oft war es eine Frage der Ausrüstung und insbesondere der Haken: Ihre Haken waren lang und dünn, aber stark und konnten sich dort festsetzen, wo andere nicht hinkamen. Die beiden benötigten bis zu 150 Haken und eine Nacht in der Wand.

Bleibt noch der Nordwesten, der nur für diejenigen unpassierbar ist, die nicht genug Fantasie haben. Es ist der ideale Schauplatz für das Kapitel einer epischen Rivalität. Royal Robbins ist ein hervorragender Bergsteiger und ein wortkarger, nachdenklicher Typ mit intellektuellen Ambitionen, während Warren Harding, sein Erzfeind, ein echter Verrückter ist, der mehr dem Alkohol und den Frauen als allem anderen zugetan ist, immer unangepasst und provokativ, aber in der Lage, all seine kontroversen Energien in der Wand zu entfachen und jeden Berg mit Wut und Entschlossenheit anzugreifen. Sie versuchen es 1955 gemeinsam, aber es geht schief. Auch hier ist die Entwicklung der Haken von grundlegender Bedeutung. Die Haken sind noch länger und dünner und ermöglichen es Robbins und zwei Begleitern, die Herausforderung in fünf Klettertagen zu bewältigen, ebenfalls mit den Nächten in der Wand. Auf dem Gipfel erwartet sie Harding – diesmal ausgeschlossen und grün vor Neid –, der absichtlich von der Normalroute abgewichen ist, um zu gratulieren und seinen Erzfeind ein wenig zu demütigen. Mit eben dieser Wut wird er die Wand des El Capitan besteigen, aber das ist eine andere Geschichte.

IM FLUG

DAS DATUM GENÜGT: ES IST DER 7. JULI 1977 (7.7.77), ALS DREI FURCHTLOSE, ABENTEUERLUSTIGE HIPPIES BESCHLIESSEN, DEM SCHICKSAL UND DEN STRENGEN PARKWÄCHTERN ZU TROTZEN. ÄHNLICH WIE DER BERÜHMTE „MAN ON WIRE" DER ZWILLINGSTÜRME, PHILIPPE PETIT, MUSS RICH PICCIRILLI DIE ANGELEGENHEIT WIE EINEN BANKÜBERFALL ORGANISIEREN.

Die heimliche Annäherung an den Gipfel mitsamt Ausrüstung dauert zwei Nächte und ein Bärenangriff erschwert die Sache zusätzlich. Doch am Morgen jenes Tages ist alles bereit: Die drei Freunde starten mit ihrem Drachenflieger vom Gipfel des Half Dome.

Die Zeit scheint stillzustehen, so wie es sein sollte, als der Mensch einen seiner uralten Träume verwirklicht, nämlich den vom Fliegen. Nach einer Weile lassen sich die beiden Gefährten mit ihren Fallschirmen – die sich gerade noch rechtzeitig öffnen – fallen, während Piccirilli sanft über die Bäume gleitet. Natürlich verhaften ihn die unbeugsamen Parkranger ein paar Stunden später, aber die körnigen Bilder des Dokumentarfilms, der das Kunststück verewigt hat, lassen keinen Zweifel daran: Das war es wert.

Venezuela/Brasilien/Guyana

RORAIMA

Höhe: 2800 m ü.d.M.
Prominenz: 2338 m
Topografische Isolation:: nicht festgelegt
Koordinaten: Breitengrad 5°10'59" N; Längengrad 60°45'59" W
Referenzort: Paraitepuy, Bolivar, Venezuela

EINE INSEL IN DER HÖHE

Er ist nicht das, was wir von einem Berg erwarten. Ihm fehlt der klassische Gipfel, und das Hochplateau inmitten des Regenwalds wirkt eher wie ein gigantisches, geisterhaftes Floß, das über einem Meer aus Nebel schwebt. Allerdings hat er nichts Gespenstisches an sich, denn es wimmelt nur so von Leben, das aufgrund seines Reichtums und der Vielzahl endemischer Arten einzigartig ist. Diese für die Region typische Formation wird im lokalen Idiom *Tepui* genannt, was so viel wie „Haus der Götter" bedeutet und eine Vorstellung von der heiligen Aura vermittelt, die ihn umgibt. Roraima ist eine hoch gelegene Insel, etwa halb so groß wie Manhattan und auf allen Seiten von 400 m hohen Steilwänden geschützt. Sie entstand vor über zwei Milliarden Jahren und ihre Unzugänglichkeit in Verbindung mit einem Mikroklima, das sich von dem heißen und feuchten Klima unterhalb des Plateaus unterscheidet, hat diesen Ort zu einem wertvollen Schauplatz für die sehr lange Evolution der einheimischen Arten gemacht. Fleischfressende Pflanzen, Orchideen und schwarze Frösche sind nur einige Beispiele dafür, was man auf diesem riesigen Block aus Sandstein und Quarzit finden kann. Der fast tägliche Regen hat dazu beigetragen, dass durch die Auflösung des Kalksteins felsige Wälder und tiefe Abgründe entstanden sind. In diesem kleinen, uralten und uneinnehmbaren Kosmos liegen El Laberinto, ein Labyrinth aus Schluchten und Felsspalten, und das Tal der Kristalle, während ein dreieckiger, von Menschenhand geschaffener Stein die Grenze zwischen Venezuela, Guyana und Brasilien, den sogenannten Triple Point, markiert.

ROYALE SPEDITIONEN

~

Die Ureinwohner, insbesondere die Pemón, die noch immer in den ausgedehnten Waldgebieten unterhalb des *Tepui* leben, haben ihn immer als heiligen Ort betrachtet und nicht im Traum daran gedacht, den Roraima zu verletzen. Er wurde den Europäern erstmals von Sir Walter Raleigh beschrieben. Im Auftrag von Königin Elisabeth (der ersten!) erkundete er mehrere Gebiete Amerikas und leitete damit die Kolonisierung ein. Es war das Jahr 1595, als dieser piratische Abenteurer, der später während der Herrschaft von James I. wegen Hochverrats enthauptet wurde, die Gelegenheit hatte, den *Tepui* von unten zu betrachten, und ihn in seinen umstrittenen Reisebericht aufnahm. Auf die erste dokumentierte Eroberung des Plateaus muss man lange warten. Tatsächlich geht die Expedition von Sir Everard Ferdinand im Thurn, einem Mann mit vielfältigen Talenten, wie es sich für Pioniere gehört, auf den Dezember 1884 zurück. Als Botaniker, Fotograf und Verwalter in verschiedenen Kolonialgebieten Großbritanniens war er der Erste, der dieses paradiesische Plateau der Artenvielfalt betrat und wertvolle Dokumente von der gewagten Mission, die von der Royal Geographical Society finanziert wurde, mitbrachte.

GÖTTLICHE STRAFE

FÜR DIE UREINWOHNER IST RORAIMA DIE MUTTER ALLER GEWÄSSER, UND DER URSPRUNG DIESER REGION IST EINE GESCHICHTE, DIE SELBST DEM WESTLICHEN MENSCHEN SEHR BEKANNT VORKOMMT. IN EINER UNBESTIMMTEN VERGANGENHEIT WAR DIESES GEBIET IN DER TAT EINE ÜPPIGE EBENE, REICH AN WASSERLÄUFEN UND FRÜCHTEN, DIE DIE GÜTIGE NATUR DEN BEWOHNERN ZUR VERFÜGUNG STELLTE. ES GAB JEDOCH EINE EINFACHE UND GRUNDLEGENDE BEDINGUNG, DIE DER GOTT STELLTE: NIEMAND DURFTE DIE FRÜCHTE DES HEILIGEN BANANENBAUMS ESSEN, DER IN DIESEM GEBIET GEWACHSEN WAR.

Einfach, oder? Nein, denn der Mensch verträgt sich nicht mit Harmonie, und so setzte sich der erste Frevler über das Verbot hinweg und fällte den Baum, dann stahl er einen Ast mit der köstlichen Frucht. Natürlich folgte ein heftiger Regenguss – Gottes enttäuschter Schrei oder seine Strafe, oder wahrscheinlicher beides –, der die meisten Lebewesen in die Flucht schlug, während das unbewohnte Land sich Hunderte von Metern über das Niveau des Waldes erhob. Die zahlreichen Bäche, die noch heute von den steilen Klippen herabfließen, werden als eine Folge dieser Bewegung angesehen. Der geheimnisvolle Charme des Orts kann einen nicht gleichgültig lassen, weshalb Sir Arthur Conan Doyle dort *Die vergessene Welt* ansiedelte, einen Roman, in dem es von Dinosauriern wimmelt und der Michael Crichton zu seinem *Jurassic Park* inspirieren sollte. Die Hypothese, dass in dieser Gegend prähistorische Tiere leben, hat sich bisher nicht bestätigt, allerdings ist das Gebiet noch weitgehend unerforscht.

Peru

ALPAMAYO

Höhe: 5947 m ü.d.M.
Prominenz: 447 m
Topografische Isolation: nicht festgelegt
Koordinaten: Breitengrad 8°52'45" S; Längengrad 77°39'13" W
Referenzort: Nationalpark Huascarán

DER SCHÖNSTE

Man ist versucht, ihm irgendeine außergewöhnliche Bezeichnung zu geben, um das erstaunliche und hypnotische Gefühl zu beschreiben, das sich beim Anblick seiner nahezu perfekten Form einstellt. Er ist der schönste Berg der Welt, was 1966 von der UNESCO offiziell bestätigt wurde. Wir nehmen dies mit dem einzigen Einwand, dass uns ein solcher Gedanke noch viele Male begegnen wird, zur Kenntnis, aber beim Alpamayo geht es nun mal jedem so. Diese Schneepyramide hat etwas Unwirkliches, aber sie ist ganz real. Mehr noch als ihre schiere Höhe ist es ihre magnetische Ausstrahlung, die sie einzigartig macht. Sein heutiger Name, der sich in der Quechua-Sprache aus den Wörtern *allpa* (Land) und *mayu* (Fluss) zusammensetzt, bezieht sich eigentlich auf ein landwirtschaftliches Gebiet, das sich zu seinen Füßen befindet, während der obere Teil mit der Verschmelzung der Begriffe *shuytu* (lang und dünn – was sich auf die schlanke Form des Massivs bezieht) und *raju* (schneebedeckter Berg) bezeichnet wurde: Shuyturahu. Wahrscheinlich hat sich der besser klingende Name auf Dauer durchgesetzt. Der Alpamayo ist einer der Gipfel des Macizo de Santa Cruz im nördlichen Teil der Cordillera Blanca, einer 180 km langen Gebirgskette mit mehr als 30 Gipfeln, die höher als 6000 m sind, angeführt vom Huascarán mit 6768 m. Ein großer Teil der Cordillera, die ihren Namen dem massiven Vorkommen von Gletschern verdankt, ist Teil des 1975 gegründeten Nationalparks Huascarán, der den Zugang zum Schutz der Umwelt gegen eine Gebühr regelt.

EINE SCHWIERIGE EROBERUNG

Seiner Anziehungskraft trotzend ist der Berg nur schwer zugänglich. Selbst um seine Ansicht von unten zu genießen, muss man lange Wege und erhebliche Schwierigkeiten in Kauf nehmen. Diese Aura der Unbezwingbarkeit macht ihn jedoch umso faszinierender. Jeder, der ihn besucht hat, spricht von ihm mit der ihm gebührenden Ehrfurcht und einem Gefühl der Dankbarkeit und des Respekts für den Berg, und das im höchsten und spirituellsten Sinne des Wortes, als würde er sich an eine lange leidenschaftliche und unvergessliche Umarmung erinnern.

1951 fand eine französisch-belgische Expedition, bestehend aus den Bergsteigern Jongen, Kogan, Leininger und Lenoir, eine Route auf dem Nordgrat und verkündete in der Illusion, den höchsten Gipfel erreicht zu haben, mit großem Pomp ihren Erfolg, doch bald stellte sich heraus, dass es sich bei dem erreichten Punkt irrtümlicherweise nur um den Nebengipfel, den Nordgipfel, handelte. Schließlich war es Günter Hauser, der am 20. Juli 1957 die deutsche Seilschaft anführte und über eine Route am Südgrat als Erster den eigentlichen Gipfel erreichte.

DER ITALIENISCHE WEG

ES GIBT EINEN DOKUMENTARFILM, DER MIT DEN RUHIGEN RETROTÖNEN DES ALTMODISCHEN HINTERGRUNDKOMMENTARS UND DER ZEITLOSEN MAGIE DES FILMS DIE GROSSARTIGE INNERE TRAGWEITE DER HERAUSFORDERUNG EINES GIPFELS GUT DARSTELLT. DENN ES BRAUCHT KEINE SCHRILLEN, SENSATIONSLÜSTERNEN KOMMENTARE, UM DIE GESCHICHTE VON ETWAS WIRKLICH GROSSEM ZU ERZÄHLEN. MAN ÜBERLÄSST DIE SZENE EINFACH DEM WAHREN PROTAGONISTEN, DEM BERG, DER ES MANCHMAL AKZEPTIERT, VOM KLEINEN MENSCHEN BEZWUNGEN ZU WERDEN. VORAUSGESETZT, MAN HAT DIE FAST SCHON ARROGANTE AMBITION, DEN BERG MIT DER NÖTIGEN KOMPETENZ, DEMUT UND KÖRPERLICHEN VORBEREITUNG BESTEIGEN ZU KÖNNEN. DER REST IST SCHICKSAL.

Die Expedition unter der Leitung des aus Lecco stammenden Casimiro Ferrari, bestehend aus Borgonovo, Castelnuovo, Liati, Negri und Zoia, war bis ins kleinste Detail vorbereitet, aber wenn man zu dem langen Anmarsch und den möglichen Planungsproblemen noch 34 Stunden Kletterei an einer 700 m hohen Wand hinzurechnet, erkennt man die enorme Bedeutung von Zufall oder Glück, wie auch immer man es nennen mag. An diesem Punkt stimmte der Berg zu und an der Südwestwand wurde eine Route geboren, die noch nie zuvor geklettert worden war. Es war 1975 und die von den Ragni di Lecco begangene Route ist bis heute und darüber hinaus als Via Ferrari bekannt. Genau auf dieser Route ereignete sich 2014 eine große Tragödie. Vier junge Alpinisten aus dem Cantù-Gebiet waren nur noch einen Schritt von der Verwirklichung ihres großen Traums, diesen Gipfel zu besteigen, entfernt. Sie waren erfahren, gut vorbereitet und wählten die am wenigsten riskante Wand, aber sie hatten kein Glück. Wenige 100 m vor dem Gipfel wurde eine der beiden Seilschaften, in die sie eingeteilt waren, bestehend aus Enrico Broggi und Matteo Tagliabue, beide unter 30, von einer durch die Ablösung eines Schneebretts ausgelösten Lawine erfasst. Die Suche nach den beiden Freunden und die Bemühungen der Retter, die zudem durch die widrigen Wetterbedingungen behindert wurden, blieben vergeblich.

HUAYNA PICCHU

Höhe: 2693 m ü.d.M.
Prominenz: 260 m
Topografische Isolation: nicht festgelegt
Koordinaten: Breitengrad 13°09'27" S; Längengrad 72°32'50" W
Referenzort: Cusco

DIE TREPPE DES TODES

Dieser Gipfel gehört zur Cordillera Oriental der Anden und wird im Gegensatz zum nahe gelegenen Machu Picchu, dem „alten Berg", als „junger Berg" bezeichnet.

Dieses Szenario ist von der Hand des Menschen geprägt. Es ist einer dieser Fälle, in denen Fragen und Verwunderung über das, was die Welt uns bietet, und die Verflechtung mit dem Werk unserer Vorfahren in seiner Beziehung zur Umwelt zwangsläufig harmonischer erscheinen als die meisten der heutigen Konstruktionen.

Hier ist alles weicher für das Auge, selbst die Kanten des Bergs, die durch das Grün geglättet werden, sind fast atemberaubende Kurven. Atemraubend ist auch der Aufstieg, aber es lohnt sich, denn der Huayna Picchu ist der höchste Berg der Kette und ermöglicht einen einzigartigen Blick auf die gigantische Inkastätte, die sich an die umliegenden Täler schmiegt.

Der Aufstieg zum Gipfel, der nur 400 Personen pro Tag gestattet ist, erfolgt über eine lange, enge und sehr steile Treppe, die sowohl für Schwindelgeplagte als auch für Menschen mit Klaustrophobie verstörend sein kann. Es gibt weder große Brüstungen, noch sind die Stufen breit und bequem, aber die größte Gefahr sind und bleiben die sozialen Netzwerke, die die Menschen dazu bringen, ihren Verstand auszuschalten und sich auf die Suche nach Selfies zu machen, die sich manchmal als tödlich erweisen. Offiziellen Quellen zufolge war noch keine Tragödie direkt auf die „Treppe des Todes" zurückzuführen: Die schwersten Unfälle wurden immer durch eklatante Unachtsamkeit verursacht.

EIN GIPFEL, VIELE GEHEIMNISSE

~

Wir wissen nicht, wer diesen Gipfel als Erster erreicht hat, und vielleicht ist es auch gar nicht sinnvoll, danach zu fragen, denn es gibt genug Fragen zu diesem Ort. Man kann sogar sagen, dass dieser Berg eine Kette von Fragen ist, durchsetzt mit ein paar vernünftigen Hypothesen.

Sicher ist, dass die westliche Welt die Siedlung 1911 dank des Yale-Professors Hiram Bingham entdeckte. Er wiederum hatte dies einigen großzügigen Personen aus der lokalen Bevölkerung zu verdanken. Die Zivilisation, die wir als Inka bezeichnen und die nach dem vergöttlichten Herrscher – dem Sohn des Sonnengottes Inti – und damit auch nach dem Adel und der herrschenden Klasse benannt ist, steckt voller Faszinationen.

Das riesige Reich, das zu seiner Blütezeit zehn Millionen Einwohner zählte, umfasste ein Gebiet, das sich über die Anden vom heutigen Chile und Argentinien bis nach Ecuador erstreckte und von einem dichten Netz von Straßen und Brücken durchzogen war. Das Fehlen einer Schrift gibt der Geschichte dieser Zivilisation vor der tragischen Begegnung mit den Eroberern zusätzliche Rätsel auf. Es gab auch keine Währung, aber das imposante Tributsystem wurde durch ein System von Schnüren und Knoten verwaltet, das nur eine kleine Elite entziffern konnte und das von langen Läuferstaffeln in kurzer Zeit durch das Reich getragen wurde. Während es den Inkas verboten war, dem Kaiser in die Augen zu sehen, nahm Francisco Pizarro stattdessen Atahualpa ohne große Mühe gefangen und ließ ihn später trotz des hohen Lösegelds, das er für seine Freiheit bezahlt hatte, mit der Garotte hinrichten. Die Spanier plünderten und zerstörten, dicht gefolgt von den Völkern, die sich zuvor den Inkas unterworfen hatten. Die entweihende Gewalt der iberischen Invasoren hörte erst mit der völligen Unterwerfung dieser Völker auf, aber die bilderstürmerische Wut ließ die Siedlung Machu Picchu, die aus unbekannten Gründen bereits aufgegeben worden war, unversehrt. Obwohl es Gründe für die Annahme gibt, dass bereits vor dem 11. Jahrhundert eine kultivierende Bevölkerung in der Gegend lebte, wird der Bau der Gebäude wahrscheinlich auf die Jahre nach 1440 datiert, und zwar auf Geheiß des Herrschers Pachacútec, dem Gründer des Inkareichs. Nach der allgemein anerkannten Theorie war diese Siedlung eine Art Sommerresidenz für den König und einen kleinen Hofstaat von Würdenträgern. Diese These widerlegt alternative Theorien wie die, dass sich hier das Heiligtum der Sonnenjungfrauen befand, eine Hypothese, die aus der Entdeckung einer großen Anzahl von weiblichen Mumien entstand. Neben den bewohnten Gebäuden gibt es auch Tempel, die den natürlichen Elementen gewidmet sind, wie der Mondtempel direkt an den Hängen des Huayna Picchu.

Es scheint, dass diese Orte in der Dämmerung der Inkazivilisation spontan aufgegeben wurden, um dann in Vergessenheit zu geraten. Zum Zeitpunkt der Wiederentdeckung, die nach Meinung mancher um 44 Jahre zurückdatiert und dem Deutschen Augusto Berns zugeschrieben wird – aber dafür gibt es keine sicheren Beweise –, wurde dieses Land im Stillen von einigen Bauern ausgebeutet, die immer noch einen Bewässerungskanal der Inkas nutzten.

ZWISCHEN ERDE UND HIMMEL

ES GIBT KEINE INFORMATIONEN ÜBER BAUTECHNIKEN ODER DEN TRANSPORT VON MATERIALIEN, ABER DAS INGENIEURWISSEN WAR VON HOHEM NIVEAU UND DIE FÄHIGKEIT, HARTE STEINE WIE GRANIT UND QUARZIT SO PRÄZISE ZU BEARBEITEN, IST ÜBERRASCHEND. DIE VERBINDUNG ZUR ASTRONOMIE WAR SEHR ENG. GLAUBHAFTE THEORIEN WEISEN DARAUF HIN, DASS DIESE STÄTTE ALS OBSERVATORIUM GENUTZT WURDE. DER INTIHUATANA-STEIN ZUM BEISPIEL SOLLTE DIE EXAKTEN ZEITPUNKTE DER TAGUNDNACHTGLEICHEN NACH EINEM ÄHNLICHEN PRINZIP WIE BEI DER SONNENUHR BESTIMMEN. SEINE FASZINIERENDSTE FUNKTION BESTAND JEDOCH DARIN, DIE MENSCHLICHE WELT MIT DEM JENSEITS ZU VERBINDEN. ES GENÜGTE, DEN KOPF AUF DEN STEIN ZU LEGEN, UM SICH AUF EINE MYSTISCHE REISE VOLLER SPIRITUELLER UND GEISTIGER VISIONEN ZU BEGEBEN.

Diese Ungewissheiten, ohne das geringste schriftliche Zeugnis, das zur Klärung beitragen könnte, haben natürlich zu allen möglichen Theorien Anlass gegeben, bis hin zu der Idee, die alle Zweifel ausräumt: Wer hätte denn Bauarbeiten von solchem Ausmaß durchführen können, wenn nicht eine Handvoll Außerirdischer auf einer Vergnügungsreise? Diese Erklärung würde zwar helfen, alle Zweifel zu zerstreuen, wird aber seltsamerweise von Archäologen und Historikern nicht ernst genommen.

Andererseits gibt es in diesem Zipfel der Welt, der einst heilig war, dann in Vergessenheit geriet und nun von Touristen überrannt wird, Raum für alle möglichen Interpretationen. Dem lokalen Mythos zufolge gab es am Anfang nur Dunkelheit und Chaos, dann ließ der Schöpfer die Sterne, den Mond und die Sonne entstehen und der Gott Inti wählte die Inkas als seine Kinder aus, um die Unordnung auf der Erde in Ordnung zu verwandeln. Dies rechtfertigte den Herrschaftsdrang der Inkas als eine Mission im Auftrag Gottes, aber vielleicht ist es auch eine gültige Erklärung dafür, dass sie eine Stadt errichtet haben, die so sehr mit den Elementen verbunden ist, dass sie ein Teil von ihnen geworden ist. Sie ist mit der Landschaft verbunden, was uns als Beispiel dienen sollte.

LICANCABUR

Höhe: 5920 m ü.d.M.
Prominenz: 1426 m
Topografische Isolation: nicht festgelegt
Koordinaten: Breitengrad 22°50'0" S; Längengrad 67°52'58" W
Referenzort: San Pedro de Atacama

EIN STÜCK VOM MARS

Für die Bewohner der Atacama-Region ist er der „Berg des Volkes", ein holozäner Subduktionsvulkan, der keine Anzeichen für jüngste eruptive Aktivitäten aufweist. Genauer gesagt handelt es sich um einen Stratovulkan: Seine eher zähflüssige Lava neigte dazu, sich zu verfestigen, bevor sie sich zu weit vom Krater entfernte, was zu einer konischen, kompakten und steilen Form führte.

Der Gipfel befindet sich in Chile und wird von einem Kratersee eingenommen, der 90 m x 70 m groß ist und eine maximale Tiefe von 8 m erreicht. Dieses Gewässer friert im Winter zu und die Gegend bietet besonders lebensfeindliche Bedingungen, sodass Wissenschaftler hier gerne die Eigenschaften der Umgebung auf dem Mars, die als ähnlich angesehen werden, untersuchen.

Obwohl dieser Berg nicht gerade ein Gefühl der Gastfreundschaft vermittelt, kann er diejenigen, die ihn besteigen, in seinen Bann ziehen, vor allem wegen der Aussicht auf die umliegenden Gebiete, von der Laguna Verde bis zum Salar de Atacama. Die große Anzahl von Inka-Artefakten, die bis zum Gipfel des Licancabur gefunden wurden, beweist die menschliche Präsenz seit mindestens 500 Jahren und auch, dass es in der Folgezeit keine größeren Eruptionen gegeben hat. Die Erstbesteigung des Licancabur in der Neuzeit, die Severo Titichoca zugeschrieben wird, leitete eine wahllose Plünderung von archäologisch interessanten Objekten ein, ohne dass es dafür aussagekräftige Belege gibt. Aber wir wissen nicht viel darüber, da die Ereignisse im Jahr 1884 stattfanden und nur spärlich dokumentiert sind.

RUND UM DEN MARS

~

Der Licancabur steht in enger Symbiose mit seiner Umgebung. In Richtung Bolivien behält er die darunterliegende Laguna Verde im Auge, die sich auch auf einer beachtlichen Höhe (4325 m) befindet. Seine Färbungen verdankt der Salzsee dem reichlichen Vorkommen an Kupfer, Magnesium und Arsen. Die Sedimente reagieren je nach den Winden, die das Wasser kräuseln, unterschiedlich und nehmen Farbtöne von Blau über Türkis bis Smaragdgrün an. Auf der chilenischen Seite liegt eine Hochebene mit einzigartigen Eigenschaften, die Atacama-Wüste. Dieses Gebiet, das dank der idealen Kombination aus trockener Luft, Höhe und fehlender Lichtverschmutzung zu den trockensten der Welt gehört, ist ideal für die Beobachtung der Sterne. In unregelmäßigen Abständen von fünf bis sieben Jahren findet die spektakuläre Blüte statt, die die Landschaft in eine magische rosafarbene und gelbe Weite verwandelt.

ZWEI BRÜDER

LICANCABUR UND LASCÁR WAREN ZWEI BRÜDER, ZWEI GUT AUSSEHENDE, MAJESTÄTISCHE VULKANE, UND BIS ZU EINEM GEWISSEN GRAD VERSTANDEN SIE SICH SOGAR RECHT GUT, DAS HEISST, ES GAB KEINE PROBLEME MIT NEID, KONKURRENZ ODER ERBSCHAFTSSTREITIGKEITEN ZWISCHEN IHNEN. DIESE ABSICHTSGEMEINSCHAFT ENTPUPPTE SICH ALS TÄUSCHUNG, ALS SICH DIE BEIDEN, DEREN GESCHMÄCKER OFFENSICHTLICH ZU ÄHNLICH WAREN, IN DASSELBE MÄDCHEN, PRINZESSIN JURIQUES, VERLIEBTEN. SIE SCHWANKTE EIN WENIG IN IHRER UNENTSCHLOSSENHEIT, BEVOR SIE SICH VON LICANCABUR VERFÜHREN LIESS. IHRE LEGITIME WAHL KONNTE LASCÁR NICHT AKZEPTIEREN. UNTRÖSTLICH WEINTE ER MONATELANG, BIS ER IN EINER SENKE DES LANDES EINEN RIESIGEN SALZSEE ENTSTEHEN LIESS. DANN, EINES SCHÖNEN TAGES, VERSCHWAND DIE TRAURIGKEIT UND LASCÁR FAND DIE KRAFT, ZU REAGIEREN ... SCHLECHT.

Sobald er spürte, dass die Energie wieder durch ihn hindurchfloss, wechselte er von Depression zu Wut und flog in einen Rausch, wobei er links und rechts Feuer spuckte. Diese hyperkalorischen Hormonausbrüche führten dazu, dass das angenehme Stück Wasser sofort austrocknete und sich in die Atacama-Wüste verwandelte. Aber das Schlimmste kam noch, als einer seiner tödlichen Blitze – zufällig? – die arme Juriques traf und sie auf der Stelle tötete. Nun war es Licancabur, der in tiefe Trauer stürzte, aber wenigstens blieb er für eine unbestimmte Zeit ruhig, ohne eine hydrogeologische Störung zu verursachen. Nach einer unendlichen Zeit der Trauer verliebte er sich unsterblich in Kimal, eine fremde Prinzessin, die ihn lange Zeit beobachtet hatte. So war er eben: Er mochte Prinzessinnen. Offensichtlich sollte es aber nicht sein: Bald tauchte ein bürokratisches Schlupfloch auf, wonach die Heirat zwischen Vertretern zweier verschiedener Nationalitäten verboten war und für immer sein würde. Kimal wurde daraufhin aktiv und betete fleißig, um diese unglückliche Situation zu ändern. Ihre Bitten waren so eindringlich, dass die Götter – wahrscheinlich aus Ungeduld – den beiden Liebenden erlaubten, sich einmal im Jahr zu treffen, nämlich zur Sonnenwende am 21. Dezember. Tatsächlich überschneiden sich an diesem Tag, dem längsten Tag des Jahres, die Schatten von Cerro Quimal und Licancabur teilweise, um ihre Liebe zu feiern. Nach anderen Versionen war Lascár der Vater, Juriques der Bruder, Kimal die umstrittene Frau und Licancabur nicht gerade ein Heiliger: Sicher ist nur, dass der Vulkan Juriques irgendwie geschlagen wurde, wie man an seiner zerklüfteten Silhouette erkennen kann. Andererseits ist es unbestreitbar, dass Vulkane, wenn sie ihren Willen nicht bekommen, ziemlich aggressiv sein können.

CERRO TORRE

Höhe: 3128 m ü.d.M.
Prominenz: 1227 m
Topografische Isolation: nicht festgelegt
Koordinaten: Breitengrad 49°17'26" S; Längengrad 73°05'56" W
Referenzort: Provinz Santa Cruz

UNBEZWINGBAR

Wir befinden uns in Patagonien, an der Grenze zwischen Chile und Argentinien. Der Cerro Torre, der höchste Gipfel einer Kette, die aus drei weiteren Gipfeln besteht (Torre Egger, Punta Herron und Cerro Standhardt), macht sprachlos. Gewöhnen Sie sich besser daran: Die Realität übersteigt manchmal das menschliche Ausdrucksvermögen und Sie können sich nur wie ein demütiger Ritter vor dem Herrscher verneigen.

Schlank, spitz, fast unbezwingbar mit seinen glatten Wänden erhebt sich dieser 3128 m hohe Berg am Rande eines Gletschers, der sich über eine Fläche von 13.000 km^2 erstreckt. Wer den Gipfel erreichen will, muss 900 m Granitwand überwinden, aber damit ist es noch nicht getan. Der Felsen ist zwar senkrecht, bietet aber im Vergleich zu der tückischen Eiskappe, die die letzten 50 m bedeckt, festen und sicheren Halt. Und das alles unter den Schlägen des patagonischen Windes und den Launen des unberechenbaren Wetters. Aber warum sollte man sie erreichen? Eine unbeantwortbare Frage für diejenigen, die nicht vom Kletterdämon besessen sind und bei dem bloßen Gedanken, ein ungeschicktes und schweres Wesen – und vor allem eines ohne Flügel – könnte danach streben, dort oben zu sein, erschaudern. Die Frage ist jedoch genauso unbeantwortbar, wenn dieser Dämon in ihnen wohnt: Die bloße Existenz eines solchen Gipfels ist ein stärkerer Aufruf als jede Angst oder Vorsicht.

SCHREI AUS STEIN

~

Die Angelegenheit Cerro Torre füllte Seiten über Seiten und wird es auch weiterhin tun, denn der Felsen vergisst zwar nicht, aber er kann auch nicht erzählen, und die Wahrheit bleibt im Nebel der Fantasie hängen. Es ist die enorme Widersprüchlichkeit der Bergsteiger: Mutige Männer, fast Helden, sind bereit, ihr Leben für sich selbst und andere zu riskieren, bescheidene und der Natur ergebene Männer, die aber gleichzeitig bestrebt sind, das Unbezwingbare, den Himmel, den Tod und sogar Gott – sofern sie gläubig sind – herauszufordern. Starke und doch wilde Männer, vereint und solidarisch im Unglück und doch manchmal fähig, einander zu verprügeln und sich geblendet vom Ehrgeiz für die Vorherrschaft auf einem Gipfel gegenseitig zu belügen. Bergsteiger oder nicht, so ist der Mensch.

Der Cerro Torre ist nicht so sehr wegen seiner Höhe, sondern vielmehr wegen seiner Beschaffenheit und des unzuverlässigen Klimas, das während der gesamten Dauer des Unterfangens nicht den Hauch einer Sicherheit bietet, der ideale Schauplatz für ein Rennen mit ungewissem Ausgang.

Am Anfang stand Pater Alberto Maria de Agostini, ein piemontesischer Missionar, der sich mehr als 40 Jahre lang (zwischen 1910 und dem Ende der 1950er-Jahre) der Erforschung der südamerikanischen Länder widmete. Er, der auch Bergsteiger, Kartograf, Schriftsteller, Filmemacher usw. war, hat den Torre in unseren Breiten in Mode gebracht. In der zweiten Hälfte der 1950er-Jahre war das Fieber unter den Bergsteigern groß. Nach verschiedenen Scharmützeln, Annäherungen und im Keim gescheiterten Versuchen – wie den fast gleichzeitigen der beiden Paare Bonatti-Mauri und Maestri-Detassis – war es im Januar 1959 die Expedition von Maestri, Egger und Fava, die sich durchsetzte. Das schlechte Wetter erschwerte bereits die ersten Tage, die für die Ausrüstung des ersten Abschnitts der Besteigung genutzt wurden. Am 28. Januar brachen Maestri und Egger auf, um den Gipfel in Angriff zu nehmen, während Fava ins Basislager zurückkehrte, um auf sie zu warten. Am 31. Januar erreichten sie den Gipfel, aber nach Maestris Erinnerung war die Freude darüber nicht sehr groß, denn die Angst vor den Risiken des Abstiegs war zu groß. Dieses Omen des Unheils nahm am 2. Februar Gestalt an, als sie beim Einrichten des letzten Biwaks in der Wand von einer Eis- und Schneelawine mitgerissen wurden. Egger verschwand. Maestri dagegen schaffte es, sich am nächsten Morgen abzuseilen, niemand weiß wie. Fava fand ihn verwundet und zitternd vor, schockiert über den Tod seines Freundes. Seine verworrene Schilderung wurde bald angezweifelt und widerlegt. Auch die fünf Jahre später erfolgte Entdeckung einiger Überreste und Ausrüstungsgegenstände von Egger brachte keine Klarheit: Von der Kamera, dem einzigen Beweis für seine Ankunft auf dem Gipfel, fehlte jede Spur.

Zehn Jahre später kehrte Maestri an diesen Ort zurück, versuchte aber eine andere Route. Mithilfe eines 100 kg schweren Kompressors spickte er eine 300 m hohe Wand mit Haken. Es war eine sehr lange Expedition, die den Eispilz auf dem Gipfel nicht erreichte, weil er laut Maestri nicht zum Berg gehörte. Auch dieser zweite Aufstieg konnte die Zweifel nicht zerstreuen, sodass die erste offiziell anerkannte Besteigung 1974 durch die Ragni di Lecco stattfand. Messner widmete dieser Angelegenheit ein Buch, *Schrei aus Stein*, nachdem er die Geschichte für den gleichnamigen Film von Werner Herzog beschrieben hatte.

BROTHERS IN ARMS

EINE WEITERE HELDENTAT AUS DEM JAHR 2022, DIE MUT UND SCHMERZ UNLÖSBAR MITEINANDER VERBINDET: EINE ANDERE GRUPPE VON RAGNI, MATTEO DELLA BORDELLA, DAVID BACCI UND MATTEO DE ZAIACOMO, HAT GERADE EINE NEUE ROUTE ENTDECKT. AUF DEM GIPFEL TREFFEN SIE AUF TOMÁS AGUILÓ UND CORRADO PESCE, DIE EBENFALLS EINE NEUE ROUTE GEFUNDEN HATTEN.

Nach einem kurzen und dennoch intensiven Moment der gemeinsamen Eroberung stiegen Korra und Tomy (so ihre Spitznamen) nachts die Nordwand hinab, während die Ragni auf dem Gipfel biwakierten. Am nächsten Tag erfahren die drei Freunde nach einem anstrengenden Abstieg, dass Korra und Tomy von einem gewaltigen Fels- und Eisabgang mitgerissen wurden.

Keine noch so große Müdigkeit kann sie aufhalten, sie müssen die Wand wieder hinaufklettern, um das Rettungsteam anzuführen. Tomy wird verletzt gefunden und gesichert, während für Korra jede Hilfe zu spät kommt. Die neue Route der Ragni heißt heute „Brothers in Arms", zu Ehren derer, die hier oder anderswo in den Bergen ihr Leben verloren haben.

KIRKJUFELL

Höhe: 463 m ü.d.M.
Prominenz: 449 m
Topografische Isolation: nicht festgelegt
Koordinaten: Breitengrad 64°56'51" N; Längengrad 23°18'39" W
Referenzort: Grundarfjörður

PFEILSPITZE

Der „schönste Berg Islands" ist mit seinen 463 m über dem Meeresspiegel technisch gesehen nicht einmal ein Berg, aber er ist dennoch einer der auffälligsten Orte in Island. Seine strenge und gleichzeitig sanfte Form erinnert manche an einen Glockenturm, andere an eine Pfeilspitze oder den Dorn einer Rose, aber sie könnte genauso gut der sichtbare Teil eines Lebewesens sein, das sich unter der Erde versteckt, wie die Rückenflosse eines Hais oder der Kamm auf dem Rücken eines Dinosauriers. Seine schlichte Eleganz, die durch das Wasserbecken an seinem Fuß noch unterstrichen wird, steht in einer konstanten und spielerischen Beziehung zu den umgebenden Elementen, so als ob dieser strenge Gipfel als Markierungspunkt für den sich verändernden Himmel und das Meer fungiert und es ihnen ermöglicht, sich umzudrehen und davonzulaufen, ohne sich zu verirren.

Dieses Basaltmassiv vulkanischen Ursprungs – das kein Vulkan ist, sondern aus Lavaschichten verschiedener Epochen besteht – erhielt seine heutige Form dank der Gletscher, die seine Wände erodierten, als sie zusammenflossen. Nach der Terminologie der Inuit könnte er früher „Nunatak" genannt worden sein, eine Art Felseninsel inmitten eines Eismeers, ein Bezugspunkt und oft auch die Wiege einer Vegetation, die durch das Fehlen von Berührungspunkten mit dem Rest der Welt einzigartig ist. Der Aufstieg zum Gipfel ist zwar nicht besonders schwierig, führt aber über sehr ausgesetzte, steile Grashänge mit Passagen, die vor allem bei Regen und Eis riskant sein können.

JEDEM GIPFEL SEINEN EIGENEN HIMMEL

~

Die Verbindung eines Gipfels mit seinem Himmel ist immer entscheidend, aber in diesem Fall noch wichtiger, denn es ist ein weiter und gleichzeitig enger Himmel. Vor allem sprechen wir über ein Firmament voller Geheimnisse, mit seiner extremen Saisonalität und einem der bezauberndsten, fast schon übernatürlichen Phänomene, die man beobachten kann: das Polarlicht. Im Wesentlichen handelt es sich dabei um einen Zusammenstoß von Teilchen der Sonne mit anderen Teilchen in der Atmosphäre, an dem das Magnetfeld der Erde beteiligt ist. Das Ergebnis ist atemberaubend und lässt an Magie, Träume und Unheimliches denken. So schön in seiner Fluoreszenz, dass es sogar knallig wirkt, so glitzernd, dass es fast unecht aussieht, so paillettenbesetzt, dass es Kitsch suggeriert. Zum Glück beruhigt uns der klare Umriss des Kirkjufell und erinnert uns daran, dass alles echt ist. Die beste Zeit, um das Spektakel zu genießen, ist von Oktober bis März, aber es ist nicht ungewöhnlich, dass das Phänomen auch außerhalb der Saison auftritt.

FANTASY-FANTASIEN UND LEOPARDIS THEOREME

DIESE WILDEN ORTE, DIE SO REAL SIND, DASS SIE WIE ERFUNDEN WIRKEN, BILDETEN DIE KULISSE FÜR VIELE SZENEN IN DEN STAFFELN SECHS UND SIEBEN VON *GAME OF THRONES*. HIER SEHEN WIR JON SCHNEE, DER MIT DEN WILDLINGEN DURCH DAS ABGELEGENE LAND NÖRDLICH DER BARRIERE ZIEHT. DER BERG MIT DER PFEILSPITZE ERSCHEINT ZU ZWEI VERSCHIEDENEN ZEITEN SOWOHL IN SEINEM WINTER- ALS AUCH IN SEINEM GRÜNEN KLEID. IN DIESEM FALL WURDEN FIKTION UND REALITÄT AUF DIE KLASSISCHSTE ART UND WEISE MITEINANDER VERBUNDEN, DENN DIE LIEBE ZWISCHEN JON UND YGRITTE HAT SICH AUS DEM DREHBUCH GELÖST UND WURDE ZU EINER ECHTEN EHE DER BEIDEN SCHAUSPIELER.

Andererseits ist dieses Land der Gegensätze, in denen der Frost in engem Kontakt mit den aus dem Untergrund aufsteigenden kochenden Geistern bleibt, seit Langem für seine Härte berühmt und für diese geradezu sinnbildlich.

Der große Dichter Giacomo Leopardi, der selbst nie einen Fuß auf Island gesetzt hat, schildert es als einen für Menschen besonders unwirtlichen Ort: Die Kälte der sehr langen Winter und die Trockenheit der Sommer, die Gewalt der Stürme und das bedrohliche Tosen des Vulkans Hekla, die Brände und Erdbeben lassen den Isländern keine Ruhe, und auch die Gegenmaßnahmen haben lästige Nebenwirkungen, so trocknen etwa die Flammen, an denen man sich wärmt, Hals und Haut aus. Diese stratosphärische Machtdemonstration macht deutlich, wie klein und unbedeutend wir im Angesicht der Natur sind.

Frankreich/Italien

MONT BLANC

Höhe: 4807,81 m ü.d.M.
Prominenz: 4696 m
Topografische Isolation: 2812 km
Koordinaten: Breitengrad 45°49'58" N; Längengrad 6°51'52.88" O
Referenzort: Courmayeur, Chamonix

KÖNIG DER ALPEN

Der höchste Gipfel der Alpen entstand vor etwa 300 Millionen Jahren im Inneren der Erde, als eine gigantische Magmablase erstarrte und sich in Granit verwandelte. Dieser riesige Block wurde dann durch die Faltung des Alpenbogens nach oben gedrückt. Seine Höhe wird aufgrund der unterschiedlich dicken Eisschicht auf seinem Gipfel ständig überprüft. Zerklüftet, breit, umgeben von 65 Gletschern und anderen Bergen sitzt er gelassen da, wie ein alter und weiser Krieger, der es nicht nötig hat, seine Muskeln zu zeigen. Er ist mehr als ein Berg, er ist eine Welt, und als solche trägt er unendlich viele parallele Realitäten in sich. Der Mont Blanc trennt Italien und Frankreich, verbindet sie aber gleichzeitig durch einen 11,6 km langen Tunnel, ist von Seilbahnen überzogen, wird von heute stillgelegten Bergwerken durchstoßen und beherbergt nicht nur die üblichen Berghütten, sondern auch wichtige Labore des Instituts für interplanetare Raumphysik. Er hat Dichter inspiriert, vor allem Engländer auf der Grand Tour, die es mit den Bergen sehr genau nahmen, und dazu beigetragen, das literarische Genre der Bergsteigererzählung zu schaffen.

In einem Zusammenschluss aus Tragischem und Erhabenem war der Mont Blanc Schauplatz von erschütternden Ereignissen wie Kriegsepisoden, schweren Flugzeugabstürzen, dem Brand im Tunnel, der 39 Menschen das Leben kostete, und natürlich den ständigen Bluttributen, die für die Bergsteigeraktivitäten zu zahlen sind (man schätzt, dass in der Geschichte über 6000 Menschen auf diesem Berg gestorben sind).

FREUD UND LEID DER EROBERUNG

~

Der gleiche bittersüße, widersprüchliche Schleier umhüllt den Bericht über die erste offizielle Besteigung des Gipfels. Es waren der Kristallsucher Balmat und der Arzt Paccard, die in einer fast 15-stündigen Kletterpartie als Erste den Himmel aus dieser Höhe berührten. Es war am späten Nachmittag des 8. August 1786, wie aus den wertvollen Tagebuchaufzeichnungen des preußischen Freiherrn von Gersdorff, der sie von einem Felsen oberhalb von Chamonix aus mit einem Fernglas beobachtete, hervorgeht. Weniger als eine halbe Stunde später brachen die beiden wieder auf und erreichten nach einem Nachtbiwak das französische Dorf. Dort erfuhr Balmat, dass seine kleine Tochter am Vortag gestorben war, als er den Aufstieg erfolgreich beendet hatte.

Im darauffolgenden Jahr wollte der Genfer Wissenschaftler de Saussure, ein begeisterter Unterstützer und Förderer des Projekts, seinerseits klettern und tat dies mit Balmat und einem Superteam von 18 Trägern, beladen mit Proviant, wissenschaftlichen Instrumenten und offenbar sogar einem Feldbett. Aufgrund von Eifersüchteleien und Geheimniskrämerei ließ diese zweite Besteigung eine Zeit lang Paccard in Vergessenheit geraten. Dieser erfuhr erst Anfang des 20. Jahrhunderts posthum Gerechtigkeit, als das berühmte Tagebuch des Freiherrn von Gersdorff wieder auftauchte.

FRÉNEY

DIES IST EINE GESCHICHTE VON TRAGISCHEM UND HYPNOTISCHEM CHARME, DIE MAN HUNDERTMAL IN DER HOFFNUNG AUF EIN BESSERES ENDE LESEN KÖNNTE. ES KOMMT JEDOCH NIE. WIR SCHREIBEN DAS JAHR 1961 UND COURMAYEUR HAT NICHTS MIT DEM HEUTIGEN SCHICKEN SKIGEBIET ZU TUN, ES IST NOCH EIN SPARTANISCHER AUSSENPOSTEN, DER JEDOCH VON DEN FREUNDEN ECHTER, RAUER BERGE GELIEBT WIRD. WALTER BONATTI TRÄUMT SCHON LANGE DAVON, EINE ROUTE ÜBER DEN ZENTRALEN FRÉNEY-PYLON ZUM GIPFEL DES MONT BLANC ZU FINDEN, UND ES SCHEINT, DASS DIE ZEIT GEKOMMEN IST. IN DER NACHT DES 10. JULI SCHIENEN DIE STERNE BEIM FOURCHE-BIWAK EIN GUTES OMEN ZU SEIN UND BONATTI BESCHLOSS MIT SEINEN BEIDEN FREUNDEN ANDREA OGGIONI UND ROBERTO GALLIENI, SICH MIT VIER FRANZOSEN UNTER DER LEITUNG VON PIERRE MAZEAUD ABZUSEILEN, DIE DIE GLEICHE IDEE HATTEN.

Dank des guten Wetters, der Begeisterung und des Geschicks der sieben Bergsteiger läuft alles glatt. Und genau hier hätte eine einfache Wendung des Schicksals diese Geschichte in eine Episode unter Tausenden verwandeln können, sodass sie nur für die, die sie erlebt haben, und für irgendeinen staubigen Almanach in Erinnerung bleibt. Ja, denn es sind nur noch ein paar Dutzend Meter bis zum Ende der Wand und wir befinden uns erst am Anfang des Nachmittags, als das Wetter plötzlich umschlägt und die sieben zwingt, sich in aller Eile auf die beiden Felsvorsprünge oberhalb der Chandelle zurückzuziehen. In diesem Moment schien sich das Schicksal gegen die Handvoll Menschen zu wenden, die es wagten, es herauszufordern. Die magnetische Kraft des Unwetters trifft sie hart, angezogen von Nägeln und Eispickeln, und führt bei Pierre Kohlmann zu einem Kurzschluss in seinem Hörgerät. Nach dem Unwetter kommt der Schnee, der in dieser Höhe keine Jahreszeit kennt.

Die gemeinsame Idee ist es, auf eine Wetterberuhigung zu warten, die es den beiden Führern ermöglicht, den Gipfel schnell zu erreichen und die anderen auf leichteren Routen auf- und absteigen zu lassen: besser als eine sehr lange, gefährliche und deprimierende Rückkehr zum Pylon. Nach zwei unendlich

langen Nächten in der Wand scheint sich dieses Fenster zu öffnen, aber das ist nur eine Illusion: Gerade als Bonatti und Mazeaud aufbrechen wollen, verschlechtert sich das Wetter erneut. In der dritten Nacht sind sie mit Kräften und Nerven am Ende. Die einzige Möglichkeit, sich zu retten, ist nun die Rückkehr. Es dauert einen ganzen Tag, bis sie wieder am Stützpunkt sind, aber die Erleichterung ist nur von kurzer Dauer, denn da sie von den Rettern nicht gefunden werden, müssen sie die Gamba-Hütte über einen sehr langen und riskanten Weg erreichen, wobei ihnen der Schnee bis zum Hals steht. Antoine Vieille gibt vor Kälte und Müdigkeit auf, Robert Guillaume landet in einer Gletscherspalte, Oggioni hat keine Hoffnung mehr und kommt keinen Schritt mehr weiter. Die Gruppe muss sich trennen und Hilfe suchen. Die letzte Wendung des Schicksals ist nur noch wenige Schritte entfernt und nimmt die wahnwitzigsten Formen der Psyche an. Kohlmann, der in seiner totalen Isolation durch die Taubheit die Kraft zum Widerstand gefunden hatte, sieht Gallieni mit der Hand in der Tasche und ist überzeugt, dass er eine Waffe zieht; er greift ihn mit der Restenergie an, die der Wahnsinn entfacht. Bonatti und Gallieni schaffen es, ihn abzuschütteln und völlig leer und erschöpft die Hütte zu erreichen, der Franzose aber erfriert. Nur Mazeaud schafft es, sich neben den beiden zu retten. Der Schnee ist der stumme Zeuge der Tragödie. Ich habe die Geschichte ein zweites Mal gelesen, aber das Ende hat sich nicht geändert.

MATTERHORN

Höhe: 4478 m ü.d.M.
Prominenz: 1031 m
Topografische Isolation: 13,7 km
Koordinaten: Breitengrad 45°58'35" N; Längengrad 7°39'30" O
Referenzort: Breuil-Cervinia, Zermatt

DER BERG DER BERGE

Auf der magischen Verpackung der berühmten Caran-d'Ache-Buntstifte sehen viele Kinder zum ersten Mal die scharfe Silhouette des Matterhorns, das mit seiner majestätischen Perfektion die Landschaft unter ihm beherrscht. Am Anfang steht immer die Kindheit. Dann entdeckt man eines Tages, dass es diesen Berg tatsächlich gibt, und es ist ein bisschen so, wie wenn man zum ersten Mal nach New York kommt: Man fühlt sich wie zu Hause, nur weil man vieles schon tausendmal auf Fotos und in Filmen gesehen hast.

Seine Form ist irgendetwas zwischen einem Wolfszahn und einer Pyramide und in seiner Abgeschiedenheit so markant, dass er schon aus der Entfernung seine Anziehungskraft entfaltet. Das Phänomen wird noch deutlicher, wenn wir diesen Gipfel aus der Ferne betrachten: Für lange Momente sind wir hingerissen, versklavt und ergriffen und müssen unser Haupt vor dieser ästhetischen Kraft verneigen.

Es ist nicht verwunderlich, dass die Geschichte dieser ehrwürdigen Granitspitze vor 90 Millionen Jahren mit dem Zusammenstoß der afrikanischen und der europäischen Kontinentalplatten begann. Über einen Zeitraum, den wir uns nur schwer vorstellen können, schuf die Kombination aus den Bewegungen der Erdkruste, der Erosion durch das Eis und der unermüdlichen Verwitterung die Form, die wir heute kennen und von der wir den Blick nicht abwenden können.

DIE TEURE EROBERUNG (1865)

~

Der Gipfel des Matterhorns blieb lange Zeit unbestiegen, bis er für viele Bergsteiger zu einer Herausforderung und fast schon zu einer Besessenheit wurde. Der letzte Wettkampf wurde zwischen Edward Whymper und Jean-Antoine Carrel aus dem Aostatal, die an einer gemeinsamen Besteigung bereits gescheitert waren, ausgetragen. Am Ende war es der Engländer, der am 14. Juli 1865 als Erster seine Fahne aufstellte, indem er eine Route auf der Schweizer Seite eröffnete, während sein Rivale eine Expedition auf der italienischen Seite zum Gipfel führte. Der Berg forderte jedoch einen hohen Tribut, der als die erste große Tragödie des Bergsteigens bekannt wurde: Auf dem Rückweg rutschte einer der sieben Männer der Seilschaft, der junge Douglas Hadow, ab und riss drei weitere Kameraden mit sich in einen tödlichen Flug von über tausend Metern. Der Gipfel des Matterhorns wird heute jeden Sommer von Tausenden von Menschen erreicht, dennoch bleibt er ein schwieriges Ziel, das mehr als 500 Menschen das Leben gekostet hat.

DAS NEUESTE PROJEKT (1965)

ENG VERBUNDEN MIT DER ERSTEN EROBERUNG IST DIE VERRÜCKTESTE LEISTUNG, DIE JEMALS IN DIESER GEGEND VOLLBRACHT WURDE. DER PROTAGONIST SELBST ERZÄHLT DAVON AUF SEITEN, DIE EINEM GÄNSEHAUT ÜBER DEN RÜCKEN JAGEN: GENAU HUNDERT JAHRE SIND SEIT WHYMPERS BESTEIGUNG VERGANGEN, ALS WALTER BONATTI BESCHLIESST, SICH MIT EINER LETZTEN GROSSEN BESTEIGUNG AN DER GRENZE DES UNMÖGLICHEN AUS DER WELT DES EXTREMBERGSTEIGENS ZU VERABSCHIEDEN. ES WAR DIE NORDWAND DES MATTERHORNS, IM WINTER UND IM ALLEINGANG, FÜR EINE NOCH NIE DA GEWESENE ROUTE MIT EINEM KNALLHARTEN SCHWIERIGKEITSGRAD. BONATTI VERBRINGT VIER NÄCHTE IN DER WAND, MIT ALTMODISCHER AUSRÜSTUNG UND TRADITIONELLEN METHODEN, UND GÖNNT SICH DIESE LETZTE STERNSTUNDE DER GROSSARTIGKEIT.

Dieses Gefühl der absoluten Isolation, der ergreifenden und doch wunderbaren Einsamkeit vermittelt eine Vorstellung davon, was Gipfel sind, was sie für diejenigen bedeuten, die dort waren, aber auch für diejenigen, die sie nur mit gebührendem und furchtsamem Respekt betrachten.

In der Ankunft dieses Mannes auf dem Gipfel, wo ihm zu Ehren die Bergführer, die über andere Routen gekommen waren, das verwitterte Kreuz wieder aufstellten, steckt die ganze faszinierende Geschichte des Bergsteigens. Wie die perfekte Materialisierung einer Metapher gelingt es dieser Disziplin, die Parabel von den unbefleckten Helden und der Niedertracht von Neid, Lüge und Eifersucht, die irdische Angelegenheiten allzu oft vergiften, im selben Kreis zu schließen. Bonatti verabschiedete sich dort oben von dieser Art Wettbewerb und nahm eine andere schwierige Mission in Angriff: die Berge zu erzählen, die epischen Aspekte, aber vor allem die tiefen spirituellen Werte dieser wilden, zerklüfteten und einsamen Welt.

DREI ZINNEN

Höhe: 2999 m ü.d.M.
Prominenz: 568 m
Topografische Isolation: nicht festgelegt
Koordinaten: Breitengrad 46°37'06" N; Längengrad 12°18'19" O
Referenzorte: Auronzo, Dobbiaco

DREI FINGER GEN HIMMEL

Irgendwo muss es ein Genie, einen Architekten, einen Künstler geben, der sich das alles ausgedacht hat. Es kann nicht einfach ein Zufall sein, eine Geschichte von Verwerfungen, Faltungen und Erosionen. Nein. Wir sagen immer, dass wir die Welt verändern wollen, aber was genau gibt es denn zu verändern? Sicherlich können wir die Drei Zinnen, das Symbol der Dolomiten, von einer solchen Liste streichen, denn sie sind perfekt, so wie sie geschaffen wurden. Diese separaten, aber nahe gelegenen Felsobelisken, die Westliche Zinne (2973 m), die Große Zinne (2999 m, in der Mitte) und die Kleine Zinne (2857 m, im Osten) genannt werden, sind das Ergebnis der Erosion der Dolomitschicht, die einst das gesamte Gebiet bedeckte. Die Entstehung der Dolomiten ist sehr komplex und aus geologischer Sicht von besonderem Interesse: Die meisten der Gesteine, aus denen ihre Stratigrafie besteht, sind mindestens 250 Millionen Jahre alt, also zwischen dem Ende des Paläozoikums und dem Ende des Mesozoikums entstanden. Außerdem sind die Prozesse der Deformation, Erosion und Verschiebung noch nicht abgeschlossen. Diese Faktoren und die Kombination aus vulkanischen und dolomitischen Gesteinen machen diese Region einzigartig auf der Welt. Die Hochebene, die am Fuße der drei in den Himmel zeigenden Finger liegt, ist im wahrsten Sinne des Wortes eine Wasserscheide: Hier fließen Ströme, die sich mit der Donau vereinen, und solche, die in die Etsch und den Piave fließen werden.

EIN LICHT IN DER NACHT

~

Die heutige Grenze zwischen den Provinzen Bozen und Belluno, der Kamm, der die Drei Zinnen einschließt, war früher die natürliche Grenze zwischen Österreich und Italien. Dies war entscheidend, als Italien im Ersten Weltkrieg auf der Seite der Triple Entente antrat. Drei Jahre lang war das Gebiet Schauplatz blutiger Schlachten mit wechselndem Ausgang; traurige und heldenhafte Tage, die der Stein nicht wiedergeben kann. Im Sommer 1915 brachten die alpinen Truppen des Val di Piave und des Pieve di Cadore zusammen mit Soldaten des Ingenieurkorps in dreiwöchiger harter Arbeit ein großes Leuchtfeuer und eine Kanone auf der Großen Zinne an, um den Feind von oben zu beleuchten und zu desorientieren. Das Objekt, das etwa sechs Zentner wog, wurde demontiert und auf dem Gipfel wieder zusammengebaut. Der Gipfel wurde mithilfe von Sprengstoff künstlich abgesenkt, damit der Lichtstrahl besser durchkommen konnte. Dadurch sank seine Höhe auf unter 3000 m.

Um zu den leichteren Themen zu kommen, allerdings nicht ohne Heldenmythos: Die Drei Zinnen waren wiederholt Zeugen der epischen Etappen des Giro d'Italia. Tatsächlich ist der Zieleinlauf 2013 fast mehr zu erahnen als zu sehen. Der tief stehende, klare Himmel reduziert die Sicht auf ein Rinnsal, der Schneesturm verteilt überall Schnee und weißelt die Wimpern der Radfahrer; im Ziel kommt Vincenzo Nibali mit erhobenen Armen an, das Rosa Trikot hebt sich im Nebel ab und kennzeichnet symbolisch die zeitlosen Heldentaten des Sports.

Dieses Szenario war bereits 1967 und 1968 Schauplatz des Duells zwischen Felice Gimondi und Eddy Merckx. Im ersten Jahr gewann der Italiener, aber die Etappe wurde wegen zu vieler Rempeleien während des Anstiegs abgebrochen, während im zweiten Jahr der Belgier triumphierte.

Natürlich sind die Drei Zinnen auch eine Art irdisches Paradies (bis weit in den Himmel hinein) für Kletterfreunde. Drei Gipfel, drei Erstbesteigungen, alle auf der Südseite, in den zwölf Jahren zwischen 1869 und 1881. Paul Grohmann bezwang mit den Bergführern Franz Innerkofler und Peter Salcher die Große Zinne in einer nur dreistündigen, perfekt organisierten Besteigung. Zehn Jahre später war die Westliche Zinne an der Reihe und 1881 die Kleine Zinne, die wegen ihres hohen Schwierigkeitsgrads lange Zeit als unantastbar galt. Viele andere Routen wurden im Laufe der Zeit verfolgt. Die gewagteste Besteigung war die lange und schwierige Winterbesteigung der Nordwand der Großen Zinne im Jahr 1963. Sie erforderte Anstrengungen, die viele für verrückt hielten.

DER RIESE UND DER HAHN

DER LEGENDE NACH ENTSTANDEN DIESE BERGE DURCH EINE GROSSE, ABER UNERWIDERTE UND UNERFÜLLTE LIEBE. DIE PRINZESSIN VAL D'ANSIEI, SCHÖN WIE NUR PRINZESSINNEN SEIN KÖNNEN, HATTE UNTER IHREN VIELEN VORZÜGEN AUCH EINE WUNDERBARE STIMME; DIE LUFT IM GANZEN GEBIRGE VIBRIERTE VON IHREN LIEDERN UND DER RIESE LAVAREDO VERLIEBTE SICH UNSTERBLICH IN DIESE HOLDE MAID. SIE JEDOCH WOLLTE NICHTS DAVON WISSEN UND GAB SICH EINEM GANZ NORMALEN RIESEN HIN, EINEM FAULEN UND UNGEHOBELTEN KERL, DER NAIVE MÄDCHEN ANZIEHT WIE EIN MAGNET DAS METALL.

Es kam, wie es kommen musste: Der Schurke verführte sie, verließ sie kurz darauf und ließ sie mit dem kleinen Sohn Auronzo im Stich. Der gute Lavaredo, mit jener reinen Liebe, die dem Zorn nicht nachgibt, schnitzte eigenhändig drei riesige Türme in den Fels und schenkte sie der Angebeteten und ihrem Sohn, um sie in ihrem traurigen Schicksal zu trösten.

Es gibt noch eine andere schöne Geschichte, die mit diesen Orten verbunden ist, eine Angelegenheit von Engstirnigkeit und Kampf ums Überleben. Die Weiden waren knapp und die Rivalität zwischen den Bewohnern von Toblach und Auronzo wurde immer unerträglicher. Man beschloss, dass zwei Frauen aus den beiden Dörfern die Angelegenheit unter dem wachsamen Auge eines Wächterpaares der anderen Fraktion regeln sollten. Jede von ihnen würde im Morgengrauen mit einem Stein in der Hand das Haus verlassen und ihr Treffpunkt würde die Grenze zwischen den beiden Territorien bilden. Die gerissene Frau aus Auronzo stach den Hahn mit ihren Stricknadeln, sodass er schon in der Nacht krähte. So brach sie mit den beiden Wächtern im Schlepptau noch vor Morgengrauen auf und gewann für ihr Dorf ein großes Stück Land hinzu.

Tansania

KILIMAND-SCHARO

Höhe: 5895 m ü.d.M.
Prominenz: 5885 m
Topografische Isolation: 5510 km
Koordinaten: Breitengrad 3°04'33" S; Längengrad 37°21'12" O
Referenzort: Grenze zwischen Tansania und Kenia

SCHNEE AM ÄQUATOR

Der Kilimandscharo birgt viele Welten in sich, und blickt man ihn aus der Ferne an, wandert das Auge zwischen Savanne und Schnee, wobei die dünnen Wolken als Kontrapunkt dienen. Der unbestrittene Gipfel Afrikas ist ein Stratovulkan, der aus drei Hauptkratern besteht: Shira und Mawenzi, beide erloschen, und in der Mitte der Kibo, der immer noch schwelt, auch wenn es keine sicheren Beweise für seinen letzten, wahrscheinlich zwei Jahrhunderte zurückliegenden Ausbruch gibt. Der Kilimandscharo erhebt sich an der Grenze einer auseinanderdriftenden Platte. Während im Inneren des Bergs in einer Tiefe von 400 m auffallend viel Lava zu finden ist, befindet sich außen der Rebmann-Gletscher, der sich jedoch im letzten Jahrhundert dramatisch zurückgezogen hat und bei diesem Tempo nicht mehr lange existieren wird. Der Regenwald am Fuß des Bergs bietet Leoparden, Antilopen, Büffeln, Pavianen und Meerkatzen Zuflucht. Der Aufstieg entlang der Marangu-Route birgt keine Risiken, muss aber mit lokalen Führern und Trägern erfolgen und erfordert angesichts der Höhe fünf Tage Fußmarsch sowie eine gute körperliche Vorbereitung.

Das riesige Gebiet um das Massiv – fast 1700 km^2 –, das durch die Einrichtung eines großen Naturparks geschützt wird, besteht aus vier verschiedenen Klimazonen: Unterhalb von 2800 m haben wir die imposanten hohen Bäume des Regenwalds, bis zu 4000 m gibt es viel Strauchheide, zwischen 4000 und 5000 m eine Hochwüste und darüber eine Landschaft, die nur aus Steinen, Eis und Schnee besteht. Ein einzigartiges Erbe (1987 von der UNESCO anerkannt) mit unberührter Flora und Fauna.

DAS DACH AFRIKAS

~

Dieser Berg, dessen Ausmaße durch die weite Ebene, die ihn umgibt, noch deutlicher hervortreten, wird bereits in einigen antiken Texten erwähnt, doch entdeckt wurde er von den Europäern erst 1848, als der deutsche Entdecker und Missionar Rebmann ihn aus der Nähe betrachten und die überraschende Anwesenheit von Schnee in der Äquatorialzone bestätigen konnte.

Die erste Expedition von dem Afrikaforscher Hans Meyer und dem Bergsteiger Ludwig Purtscheller musste bis 1889 warten. Meyer hatte es bereits zweimal versucht. Beim ersten Mal kapitulierte er vor der Höhenkrankheit und der Anstrengung des Aufstiegs. Beim zweiten Versuch hatte ein arabischer Scheich seine Hand im Spiel. Dieser hatte ihn gefangen genommen und erst gegen Lösegeld freigelassen. Meyer wählte ein sehr schrittweises Vorgehen, mit einem Basislager am Fuße des Bergs und einem zweiten Lager auf 4300 m Höhe. Beim dritten Versuch brachen die beiden in der Nacht auf, um am frühen Morgen die Ausläufer des Gletschers zu erreichen. Von da an wurde der Aufstieg zu einer Herausforderung, zunächst wegen der unzugänglichen Pisten, dann wegen des Schnees hoch oben an den Flanken.

Erschöpft kehrten die beiden zum Fuß des Gletschers zurück, obwohl sie nur noch 200 m vom Ziel entfernt waren. Nach ein paar Tagen Pause stiegen sie wieder auf und nutzten dabei die hinterlassenen Fußspuren und die Kenntnis der Route. Die Idee erwies sich als gut und am Morgen des 6. Oktober hissten sie schließlich die deutsche Flagge auf dem Dach Afrikas, einer apokalyptischen Szene aus schwarzem Fels, der auf einem Wolkenmeer ruhte.

IM HAUS GOTTES

NACH ANSICHT DER MASSAI IST ER DIE HEIMAT GOTTES UND NUR DIEJENIGEN MIT GUTEN GEDANKEN UND REINEN HERZEN KÖNNEN SICH IHM NÄHERN. DIE ALTE MASSAI-FABEL ERZÄHLT VON EINEM LEOPARDEN, DER DREI TAGE LANG EINE GAZELLE VERFOLGTE, DIE ZUFLUCHT BEI DEM GOTT NGAI, DER SEINEN THRON AUF DEM GIPFEL DES VULKANS HATTE, SUCHTE. OFFENSICHTLICH BOT NGAI DEM FLIEHENDEN TIER SEINE UNTERSTÜTZUNG AN, WÄHREND DER LEOPARD, DER AUS DEM GOTTLOSEN DRANG DES HUNGERS HERAUS HANDELTE, IM SCHNEE ERFRIEREN MUSSTE.

Ernest Hemingway greift in seiner Kurzgeschichte *Schnee auf dem Kilimandscharo* das gleiche Bild auf, wenn der Protagonist Harry davon träumt, auf den Gipfel des großen Bergs zu fliegen: „In der Nähe des westlichen Gipfels liegt der getrocknete und gefrorene Kadaver eines Leoparden. Niemand konnte sich erklären, wonach der Leopard in dieser Höhe suchte." Es scheint jedenfalls, dass in dieser Gegend tatsächlich ein paar erforene Leoparden gefunden wurden. Vielleicht waren sie auf der Jagd nach wilden Tieren, vielleicht wurden sie Opfer einer göttlichen Intervention. Was wir glauben, bleibt unserer individuellen Überzeugung überlassen.

Eine weitere nette, wenn auch weit weniger spirituelle Legende bezieht sich auf Königin Victoria. 1890 bestand sie bei der Grenzziehung zwischen den beiden Kolonien, aus denen heute glücklicherweise Kenia und Tansania geworden sind, angeblich darauf, den Berg ihrem geliebten Enkel Kaiser Wilhelm II. zu überlassen. Und wir beschweren uns, dass die Kinder von heute verwöhnt sind.

TAFEL-BERG

Höhe: 1086 m ü.d.M.
Prominenz: 1055 m
Topografische Isolation: nicht festgelegt
Koordinaten: Breitengrad 33°57'00" S; Längengrad 18°24'59.98" O
Referenzort: Kapstadt, Provinz Westkap

DER BERG IN DER STADT

Berge sind wie Menschen: Jeder ist anders. Ja, sie sind alle unterschiedlich, aber einige sind noch einzigartiger. Der Tafelberg gehört zunächst einmal zu der Gruppe der atypischen Berge ohne Gipfel, ohne die klassische Spitze, die wir aus unserer Kindheit kennen und die wir jedem Relief, das etwas auf sich hält, zuschreiben – mit der einzig zulässigen Ausnahme von Vulkanen. Er hingegen ähnelt einer Tischplatte und schämt sich auch nicht dafür, ja, er betont es sogar durch seinen Namen. Berge sind im Allgemeinen abgelegen, hochmütig, wild, unerreichbar und wecken in den Menschen Abenteuerlust. Der Tafelberg hingegen ist es nicht. Er thront furchtlos und erhaben hinter Kapstadt, sodass er sich wie jeder andere Wolkenkratzer in die Skyline der Stadt einfügt. Wie das Sprichwort „Wenn der Prophet nicht zum Berg geht, geht der Berg zum Propheten" präsentiert sich auch der Tafelberg mitten unter uns und ist sowohl über Fußwege als auch über die 1929 eingeweihte Seilbahn erreichbar.

Der Tafelberg besteht unten aus Granit und metamorphem Gestein und oben aus horizontalen Bänken paläozoischen Sandsteins, die 1086 m über dem Meeresspiegel liegen. Der horizontale Kamm schafft einen malerischen Balkon, der mit dem Stadtgebiet und dem Ozean eine zweifache Beziehung eingeht. An den unteren Hängen wachsen Nadelwälder, eine erstaunliche Vegetation mit Orchideen und Protea-Sorten, dann Weinberge und Villen. Höher oben ist die Natur kahler und der Blick kann über die Stadt, die Hügel und die gesamte Kaphalbinsel schweifen. Am nördlichen Ende des Reliefs ragen der Devil's Peak und der Lion's Head mit seiner Tatze auf.

EIN WIND DES TEUFELS

Aus Südosten kommt der Kapdoktor, ein starker, immer wiederkehrender Wind, der vom Meer her über den Stadthimmel fegt und mit dem Tafelberg kollidiert, wodurch die feuchte Wolke entsteht, die den „Tisch" oft wie ein weißes Tischtuch bedeckt. Legenden aller Art sind hier entstanden. Der holländische Pirat Van Hunks kam, wenn er an Land war, gerne hierher, um seine Pfeife zu rauchen, mit dem Rücken an seinen Lieblingsbaum gelehnt und den Blick auf den Ozean gerichtet. Eines Tages saß ein Fremder, der sich nicht von der Stelle rührte, an seinem Lieblingsplatz. Und so kam es zu einem Duell mit Rauchschwaden, bei dem zwei riesige Wolken bald miteinander verschmolzen und um die Vorherrschaft kämpften. Am Ende ging der Störenfried als Verlierer hervor, geschüttelt von Hustenanfällen, die ihn veranlassten, seinen Kopf nach vorne zu neigen, wodurch unvermittelt ein feines Paar Hörner zum Vorschein kam. Am Ende war dieser Kerl also niemand anderes als der Teufel selbst, und der furchtlose Van Hunks hatte ihn gerade besiegt. Aber der Teufel, wissen Sie, ist nicht der ritterliche und korrekte Typ, der die Regeln so einfach akzeptiert, also wird das Duell ständig wiederholt, wodurch es hier oft ziemlich wolkig ist. Andererseits soll sich Hendrik Van Der Decken, der Kapitän der berühmten *Flying Dutchman*, in dieser Gegend aufgehalten haben, als ein schrecklicher Sturm ihn und seine Mannschaft heimsuchte. Es gibt viele Versionen, sodass es schwierig ist, dies mit Sicherheit zu sagen, aber auch in diesem Fall scheint der Teufel seine Hand im Spiel zu haben und ihm seine Hilfe im Tausch gegen seine Seele anzubieten. Bei dieser Gelegenheit kommt jedoch auch Gott ins Spiel, vielleicht herbeigerufen durch die wiederholten Blasphemien des Kapitäns. Kurz gesagt, zwischen göttlichem Zorn und unüberlegten Pakten endet es damit, dass das Schiff sinkt, aber gleichzeitig werden seine Insassen, reduziert auf heulende Schatten, zu einer ewigen, wandernden, sehr unangenehmen Reise verurteilt.

STERNE UND BLUMEN

TROTZ SEINER NÄHE ZU EINEM SO GROSSEN BALLUNGSRAUM IST DER TAFELBERG MIT SEINEN FAST 1500 PFLANZENARTEN EIN WERTVOLLES GEBIET DER BIOLOGISCHEN VIELFALT, DAS DURCH EINEN 1998 EINGERICHTETEN NATIONALPARK GESCHÜTZT WIRD.

Der Fynbos ist die hier die typische Strauchvegetation, ähnlich der mediterranen Macchia, aber reich an endemischen Arten. Unter ihnen ist auch die Pflanze, die Carl von Linné dem Gott Proteus widmete, die Protea, die jede Form annehmen kann. Ihre Blüte ist eines der nationalen Symbole Südafrikas. Ebenfalls an den Hängen des Tafelbergs liegt der unglaubliche botanische Garten der Stadt, der Kirstenbosch National Botanical Garden, nicht nur ein Ort von unvergleichlicher Schönheit, sondern auch eine wertvolle Bastion für das Studium und die Erhaltung unzähliger Arten, von denen einige vom Aussterben bedroht sind.

Als Beweis für seine Verbindungsfunktion ist der Tafelberg heute das einzige natürliche Element, das einem Sternbild seinen Namen gegeben hat, der Mensa (Tisch), die sich in der Nähe des himmlischen Südpols zwischen der Wasserschlange und dem Chamäleon befindet.

ARARAT

Höhe: 5137 m ü.d.M.
Prominenz: 3611 m
Topografische Isolation: 379 km
Koordinaten: Breitengrad 39°42'06" N; Längengrad 44°17'53" O
Referenzort: Provinzen von Ağrı und Iğdır

BERG DES SCHMERZES

Der Berg Ararat ist ein Stratovulkan, der aus zwei 13 km voneinander entfernten Hauptkegeln, dem Großen Ararat (5137 m) und dem Kleinen Ararat (3896 m), besteht. Der Gipfel ist von einer immerwährenden Eiskappe bedeckt. Es sind keine eruptiven Phänomene aus jüngster Zeit dokumentiert, aber man nimmt an, dass sich der große Krater in einem ruhenden Zustand befindet, während der kleine Krater völlig erloschen zu sein scheint. Seine Hänge sind eher karg und arm an hoher Vegetation. Der nahe der Grenze zwischen der Türkei, Armenien, Aserbaidschan und dem Iran gelegene Vulkan hat eine Reihe von Namen: Masis („Mutter der Erde") für die Armenier, Kōh-i Nūh („Berg Noahs") für die Perser und Ağrı Dağı („Berg des Schmerzes") für die Türken. Dieser den Armeniern heilige Berg, der als eines ihrer ikonischsten Symbole gilt, ist für sie eine Art „Ich wünschte, ich könnte, aber ich kann nicht", da er sich auf türkischem Gebiet befindet, obwohl er in der nationalen Ikonografie von der Literatur über Briefmarken bis hin zu einer unzähligen Anzahl von Logos und Wappen allgegenwärtig ist. Zumindest von der Hauptstadt Eriwan aus ist der Blick auf den Ararat so wie auf einen stillen und entfernten Begleiter. Das Gebiet um den Ararat ist eine unruhige Region, die von 1984–2021 als Kriegsgebiet im Konflikt mit den kurdischen PKK-Separatisten galt. Jeder Zugang oder jede Expedition, selbst zu wissenschaftlichen Zwecken, bedurfte einer militärischen Genehmigung und war in jedem Fall gefährlich. So waren die Soldaten befugt, das Feuer auf alle illegalen Einwanderer oder auch nur auf diejenigen, die sich von den vorgegebenen Routen entfernten, zu eröffnen.

SCHÖN UND UNMÖGLICH

~

Wenn wir im Gebirge unterwegs sind, finden wir fast immer mehr oder weniger alte Beweise für die Ohnmacht des Menschen angesichts solcher Erhebungen. Nicht einmal in diesem Fall gibt es ein Entkommen, zumindest nach den Reisetagebüchern des Wilhelm von Rubruk aus den Jahren um 1250: „Viele haben versucht, ihn zu besteigen, aber es ist ihnen nicht gelungen, und ein Ältester aus der Gegend erklärte mir den Grund dafür, dass man nicht versucht, ihn zu besteigen. Niemandem ist es erlaubt, den Gipfel des Masis zu erreichen, denn er ist die Mutter der Welt."

Es war eher eine Frage von Moral und Respekt als eine konkrete Schwierigkeit, den Gipfel zu erreichen.

Die erste dokumentierte Besteigung des Gipfels trägt das Datum 1829 und die Unterschrift einer seltsamen kleinen Gruppe, bestehend aus einem Deutschen, zwei Russen und drei Armeniern, die die Höhe mithilfe eines Quecksilberbarometers um 100 m überschätzten.

ÜBERSCHWEMMUNGEN UND ANDERE ANOMALIEN

DER GLAUBE, DASS DIE MENSCHLICHE ZIVILISATION IRGENDWANN VON EINER GEWALTIGEN FLUT IN FORM EINER ZÜCHTIGENDEN, TENDENZIELL GÖTTLICHEN ÜBERSCHWEMMUNG HEIMGESUCHT WURDE, IST WEIT VERBREITET UND IN VERSCHIEDENEN TEXTEN UND KULTUREN ZU FINDEN, ALSO NICHT NUR IN DER BIBEL, SONDERN AUCH IN DER BABYLONISCHEN MYTHOLOGIE, DER GRIECHISCHEN SAGE VON DEUKALION, DEN HEILIGEN TEXTEN DER HINDUS UND SO WEITER.

Sucht man im Ursprung des Mythos eine echte Naturkatastrophe, könnte man hier fündig werden. Da ist auch die Geschichte von Noah, der seinen Namen mit dem Ararat verband. Hier könnte seine berühmte Arche sanft gestrandet sein. Es gibt keine Gewissheit, denn offenbar sind die Überreste dieses schwimmenden Zoos mindestens so scheu wie das Ungeheuer von Loch Ness. Es ist schwierig, in der Fülle von Hinweisen, die die Heilige Schrift bietet, eine Ordnung zu finden, insbesondere wenn man zwischen den Zeilen nach konkreten geografischen Hinweisen sucht.

Ein suggestives Element, das wie ein Axthieb in die Debatte eindringt, ist die sogenannte Ararat-Anomalie, eine Art nicht identifiziertes Objekt, das sich einige Kilometer vom Gipfel entfernt in einer Höhe von 4724 m befindet und erstmals 1949 von einem amerikanischen Flugzeug entdeckt und fotografiert wurde. Diese dunkle, elliptische Silhouette unter der Eisschicht, die zu perfekt aussah, um natürlich zu sein, wurde von vielen als Teil des Rumpfes der Arche identifiziert. Auf diese ersten Fotos folgten Beobachtungen durch Spionagesatelliten, die jedoch nicht viel ergaben. Die in den folgenden Jahren unternommenen Forschungsexpeditionen, die durch die militärischen Unruhen in der Region stark eingeschränkt waren, haben es nie geschafft, die Frage zu klären, abgesehen von einigen sporadischen und umstrittenen Bekanntmachungen, wie die des Teams, das 2010 behauptete, eine Höhle mit etwa 5000 Jahre alten Holzwänden gefunden zu haben, und das in einem Gebiet, in dem noch nie Menschen gesiedelt hatten. Eine sensationelle Entdeckung, die sofort von internen Quellen dementiert wurde. Man war sich sicher, dass dieses Holz von einigen kurdischen Scherzkeksen absichtlich dort platziert worden war. Nebel und Geheimnisse haben die Wagemutigsten nicht abgeschreckt, für einige waren diese Schwierigkeiten sogar ein weiterer Ansporn. Ein Beispiel dafür ist der unermüdliche Ingenieur Palego, der sich seit den 1980er-Jahren der Suche widmet und nicht weniger als 23 Mal in das Gebiet gereist ist, in der Gewissheit, den Standort der Arche entdeckt zu haben. Im Jahr 2021 erlitt er im Alter von 86 Jahren einen tödlichen Herzinfarkt, gerade als er den heiligen Berg für den letzten Beweis noch einmal besteigen wollte.

Kurzum, vorläufig müssen wir dem alten Weisen aus dem 13. Jahrhundert zustimmen: Wir dürfen die Wahrheit über die „Mutter der Welt" nicht erfahren.

DAMAVAND

Höhe: 5610 m ü.d.M.
Prominenz: 4667 m
Topografische Isolation: 1165 km
Koordinaten: Breitengrad 35°57'19" N; Längengrad 52°06'33" O
Referenzort: Teheran, Region Mazandaran

1000 ROTE MOHNBLUMEN

Wir befinden uns etwa 70 km nördlich von Teheran, inmitten des Elburs-Gebirges, das die iranische Hochebene vom Kaspischen Meer trennt. Der Damavand dominiert die Umgebung, was durch seine Prominenz unterstützt wird, da sie ihn noch stärker hervorhebt. Seine Schneedecke leuchtet auch nachts, und in der Morgendämmerung wird die Hochebene kilometerweit von seinem Schatten erfasst, bevor die Sonne aufgeht und ihn auflöst. Dieser kolossale Stratovulkan befindet sich seit Langem in einem Zustand wohlwollender Schläfrigkeit und beschränkt sich auf gelegentliche Rauchentwicklung. Sein letzter Ausbruch liegt wohl 7000 Jahre zurück. Das ist ein großer Trost, denn ein solches Ungetüm ist in der Lage, ziemlich viel Schaden anzurichten, sollte es sich entschließen, wieder aktiv zu werden.

Auf dem Gipfel, der den Blick von Teheran bis zum südlichen Ufer des Kaspischen Meers schweifen lässt, kann die Temperatur sogar im Sommer unter null fallen, im Winter erreicht sie jedoch –60 °C. Die Flora variiert je nach Hang- und Höhenlage, enthält aber viele endemische Arten. Der Anblick der Mohnwiesen vor der Silhouette des vom Himmel überragten Bergs ist emblematisch; auch Anemonen und Wildblumen können die Täler im Frühling plötzlich färben. Obwohl das natürliche Gleichgewicht dieser Region durch Weidewirtschaft, Bergbau und menschliche Besiedlung bedroht ist, gibt es unter den Säugetieren eine große Gruppe von Igeln, Fledermäusen, Wölfen, Schakalen, Füchsen, Bären, Rehen, Ottern und Luchsen sowie wunderbare Raubvögel und mehrere Arten einheimischer Vipern.

EIN ABGESCHOSSENER PFEIL

~

Dieser mächtige Berg ist die ideale Kulisse für Legenden und mythologische Geschichten – und natürlich mangelt es nicht an denen, die ihn mit einer der (vielen) möglichen Landungen der Arche Noah in Verbindung bringen.

Als Symbol der Solidarität ist es einer der inspirierenden Orte für Dichter und Schriftsteller, die vom Stolz und der Unabhängigkeit des persischen Volks erzählen wollen.

Die beliebteste Geschichte ist die des Bogenschützen Arash. Die persische Armee wird von der turanischen besiegt und die Bedingungen für die Kapitulation sind streng: Den Persern wird nur das Gebiet überlassen, das von einem Pfeilschuss abgedeckt wird. Diese kapriziöse, spöttische und vage sadistische Auflage entmutigt die meisten Bogenschützen, die genau wissen, dass sie den Pfeil nicht weit genug schießen können. Niemand tritt vor, nur Arash, der offensichtlich eine göttliche Inspiration hat. Der Herrscher begrüßt sein mutiges Angebot, und Arash steigt auf den Berg, um die beste Position für den Schuss zu finden. Zusätzlich zu dieser List vollbringt Arash einen Akt der großzügigen Aufopferung, indem er sein eigenes Leben zusammen mit dem Pfeil in die Bogensehne einfließen lässt; und von dieser Energie beflügelt, fliegt er davon, reist drei Tage am Stück und verschafft seinem Volk ein respektables Königreich. Natürlich hat alles seinen Preis und Arash verschwindet auf der Stelle, hinterlässt den Persern aber Frieden und Wohlstand. Es scheint jedoch, dass sein Geist weiterhin auf dem Damavand umherwandert und denjenigen Trost und Hilfe anbietet, die verloren oder in Not sind.

SO SPRACH ZARATHUSTRA

DER DAMAVAND IST EIN HEILIGER BERG FÜR ZOROASTRIER. DIESE RELIGION, DIE NACH IHREM PROPHETEN ZARATHUSTRA (ODER ZOROASTER) BENANNT IST, BASIERT AUF DEM DUALISMUS VON GUT UND BÖSE, DIE IN DER – UNSTERBLICHEN – SEELE EINES JEDEN LEBEWESENS KOEXISTIEREN. OBWOHL DIESER GLAUBE DURCH ISLAMISIERUNG – BEGLEITET VON VERFOLGUNGSWELLEN – STARK IM NIEDERGANG BEGRIFFEN IST, WAR ER BIS INS 7. JAHRHUNDERT N. CHR. DIE OFFIZIELLE RELIGION DES PERSISCHEN REICHS UND IST IN TEILEN INDIENS UND DES IRANS NOCH IMMER SEHR LEBENDIG.

Zoroastrische Feste wie das Neujahrsfest, das mit der Frühlings-Tagundnachtgleiche zusammenfällt und Nowruz genannt wird, sind hier stark vertreten. Die übergeordnete Gottheit Ahura Mazda, Schöpfer des Himmels und der Erde, brachte die Zwillinge Spenta Mainyu und Angra Mainyu hervor, die für Leben und Tod, Tag und Nacht, das Gute und das Böse stehen. In Wirklichkeit gibt es verschiedene Thesen über den Ursprung der beiden rivalisierenden Geister, aber der Punkt ist, dass sich dieser unvermeidliche Kampf in den Menschen widerspiegelt, die Ersteren durch tugendhaftes Verhalten begünstigen müssen. Angra Mainyu wiederum hat den Schlangendämon Zahāk erschaffen, einen dreiköpfigen Drachen, der Stürme entfesseln, das Vieh stehlen und verschiedenes Unglück über die Menschen bringen kann. Zum Glück hat der Kriegsgott Feridun ihn besiegt, gefangen genommen und an den Gipfel des Damavand gekettet, wo er bis zum Ende der Zeit bleiben wird.

Pakistan

NANGA PARBAT

Höhe: 8126 m ü.d.M.
Prominenz: 4608 m
Topografische Isolation: 189 km
Koordinaten: Breitengrad 35°14'2" N; Längengrad 74°35'24" O
Referenzort: Kaschmir

LEBEN, TOD UND EHRGEIZ

Das Gebirgsmassiv erhebt sich am westlichen Ende des Himalaya, wo die Gebirgskette im Indus-Tal endet. Es besteht aus einer metamorphen Gesteinsmasse mit kristallinen Schiefern und Sedimentgestein sowie Material magmatischen Ursprungs. Der Nanga Parbat ist der neunthöchste Gipfel der Welt und hat eine sehr hohe Sterblichkeitsrate unter den Bergsteigern (28 Prozent), sodass er den Spitznamen „Killer Mountain" trägt, in lokalen Überlieferungen aber auch als „menschenfressender Berg" oder „Teufelsberg" bezeichnet wird. Der Erste, der den Preis für die süße Besessenheit von diesem Gipfel bezahlte, war der 1855 in England geborene Albert Frederick Mummery, ein großer Pionier des fairen Bergsteigens, frei von einem Übermaß an künstlichen Mitteln. Berühmt dafür, dass er bereits mit 15 Jahren das Matterhorn bestiegen hatte, kehrte er immer wieder zu denselben Gipfeln zurück, um neue Routen zu erschließen und seine Ortskenntnis zu vertiefen. Im Jahr 1895 organisierte er die erste Expedition auf einen Achttausender und tat dies nach seiner eigenen Philosophie mit einer kleinen Gruppe von vier Bergsteigern und zwei Trägern, spartanischer Ausrüstung und dem hehren Ziel, den Gipfel des Nanga Parbat zu erreichen. Nach 6100 m gaben die drei Begleiter wegen der Höhenkrankheit auf, aber Mummery ging mit den beiden Sherpas weiter. Am 24. August verlor sich ihre Spur, wahrscheinlich durch eine Lawine. Zwischen den beiden Weltkriegen wurde der Nanga Parbat zum Ziel der Nazipropaganda und erhielt den Namen „Schicksalsberg der Deutschen". Die Nazis waren von der Idee besessen, die Gipfelfahne zu hissen, und organisierten mehrere Expeditionen, die mit allen Mitteln ausgestattet waren.

Die von Willy Merkl geleitete Expedition im Jahr 1934 brachte zwei Bergsteiger dem Ziel sehr nahe, aber der Befehl, vor dem Aufstieg auf den Rest der Gruppe zu warten, erwies sich als die schlechteste Entscheidung: Dem verlorenen Tag folgte ein neuntägiger Schneesturm, der das Erreichen des Gipfels verhinderte und die Gruppe, die ohne Wasser und Nahrung zurückblieb, in der Falle sitzen ließ. Zehn von ihnen starben bei dem Versuch, zurückzukehren, darunter auch Merkl selbst. 1937 fegte eine Lawine über das Lager einer neuen Expedition und begrub 16 Menschen unter sich. Der letzte Versuch wurde 1939 von Peter Aufschnaiter und Heinrich Harrer unternommen, die jedoch bei Ausbruch des Zweiten Weltkriegs von den Briten verhaftet wurden. Sie entkamen aus einem Gefangenenlager in Indien und flohen nach Tibet, wo Harrer sieben Jahre lang blieb, aber das ist eine andere Geschichte, die er selbst in einem berühmten Roman erzählen wird. Es war am 3. Juli 1953, als Hermann Buhl – allein und ohne Sauerstoff – den begehrten Gipfel erreichte. Den Rückweg schafft er wie durch ein Wunder nach einer Übernachtung unter freiem Himmel. Bis zu diesem Zeitpunkt waren bereits 31 Menschen auf dem Weg zum Gipfel gestorben.

REINHOLDS VERSION

~

1970 nahm Reinhold Messner an einer Expedition teil, um die unbestiegene Südwand, die Rupal, zu durchsteigen. Inmitten von Pannen und Meinungsverschiedenheiten entscheidet sich Messner, den letzten Abschnitt allein in Angriff zu nehmen, und bricht noch vor Sonnenaufgang auf. Sein jüngerer Bruder Günther folgt ihm hastig, ohne sich die Mühe zu machen, die Seile für den Rückweg zu sichern. Als er Reinhold erreicht, um mit ihm den Gipfel zu besteigen, ist Günther erschöpft und nach einer behelfsmäßigen Übernachtung beschließen die beiden, über die Diamirseite zurückzukehren und so die erste Überquerung des Nanga Parbat zu vollenden. Günthers Zustand verschlechtert sich Schritt für Schritt, aber gemeinsam schaffen die beiden den schwersten Teil des Abstiegs. Ganz am Ende wird Günther, der zurückgefallen ist, von einer Lawine mitgerissen. Reinhold irrt drei Tage lang auf der Suche nach seinem Bruder umher, gibt dann auf und wird verzweifelt und verletzt von der örtlichen Bevölkerung gerettet. Die Erfrierungen kosten ihn einige Amputationen, aber am tiefsten schmerzt der Vorwurf der Expeditionsmitglieder, er habe seinen Bruder im Stich gelassen. Erst 2005 wird Günthers Leiche gefunden, an einem Ort, der Reinholds Bericht bestätigt. Die sterblichen Überreste werden nach tibetischer Tradition verbrannt, aber Messner gelingt es, einen Stiefel und einige Knochen nach Hause zu schmuggeln, von denen DNA-Tests beweisen, dass sie zu Günther gehören. Diese Tragödie ist Thema das Films *Nanga Parbat*.

BESESSENHEIT

MANCHMAL DENKEN WIR, DASS DAS GOLDENE ZEITALTER DES BERGSTEIGENS BEREITS VERGANGEN IST. DIES LIEGT ZUM TEIL DARAN, DASS SCHON ALLE EROBERUNGEN GEMACHT WURDEN, ZUM TEIL ABER AUCH AM TECHNISCHEN UND TECHNOLOGISCHEN FORTSCHRITT IN BEZUG AUF DIE AUSRÜSTUNG UND DAMIT AUCH DIE SICHERHEIT. AUSSERDEM WISSEN WIR HEUTE, DASS EINE BESSERE UND DURCHDACHTERE PLANUNG EINE GRÖSSERE ERFOLGSWAHRSCHEINLICHKEIT ERMÖGLICHT. DAS IST ALLES WAHR, ABER DER MENSCH IST UND BLEIBT SEHR KLEIN IM VERGLEICH ZUR KRAFT DER ELEMENTE.

Diese Vergangenheit ist nicht wirklich Vergangenheit und der verrückte Träumer, geküsst von Mut und Talent, nimmt die Herausforderung durch den Himmel an und wird es immer tun. So erging es Daniele Nardi, der seine Geschichte ausführlich über die sozialen Medien und das Fernsehen erzählt hat, wie es heutzutage üblich ist. So fühlt es sich an, als würden wir ihn kennen und einen Hauch seiner Leidenschaft aus der Ferne berühren. Viele fragten sich, wie man ein solches Risiko eingehen kann, wenn man eine Frau und ein neugeborenes Kind zu Hause hat. Die Antwort bleibt offen und enthält ein unentwirrbares Knäuel widerstreitender Leidenschaften: Es bleibt die Tatsache, dass derjenige, der sich so stark berufen fühlt, der Stimme, die ihn leitet, gehorchen muss. Daniele liebte die Berge über alles. Er war besessen davon, den Nanga Parbat über den Mummery-Sporn zu besteigen, eine riskante Route. Er versucht es mehrere Male, beginnend in der Saison 2012/2013. Jedes Mal passiert etwas. Kälte, Gesundheit, Lawinen, Missverständnisse mit seinen Begleitern und vor allem das schlechte Wetter, das einfach nicht weichen will. Ja, denn diese Route muss im Winter in Angriff genommen werden, wenn die Lawinengefahr geringer ist. Dies gilt auch für seinen letzten Versuch, zum Jahreswechsel 2018/2019. Daniele und Tom Ballard sind von Ende Dezember bis Februar vor Ort, um sich zu akklimatisieren, auf das Wagnis vorzubereiten und schließlich auf ein Fenster mit gutem Wetter zu warten. Die Wartezeit im Basislager ist lang und anstrengend; Daniele verliert in seinen Videos nie sein Lächeln, aber man fragt sich unweigerlich, wie diese Tage vergehen, wie sie unter diesen Bedingungen klar und entschlossen bleiben. Als die beiden am 22. Februar aufbrechen, erreichen sie erfolgreich das Lager 4. Dann verschwinden sie. Es sind Tage der Angst, in denen die Hoffnung immer schwächer wird, bis sie ganz erlischt, als die beiden Leichen, die rote und die blaue Jacke, mit einem Teleobjektiv von unten entdeckt werden. Bergungsaktionen sind zu riskant, also bleiben Daniele und Tom im Einvernehmen mit den Familien für immer dort oben.

Pakistan

LAILA PEAK

Höhe: 6096 m ü.d.M.
Prominenz: 188 m
Topografische Isolation: nicht festgelegt
Koordinaten: Breitengrad 35°35'28" N; Längengrad 76°24'19" O
Referenzort: Hushe-Tal

EINE SPITZE IM HIMMEL

Wir befinden uns im Karakorum, der nordwestlichen Himalayakette, die sich über den Indus hinaus erstreckt und Afghanistan in einer Art sehr langer natürlicher Grenze zwischen China und dem indischen bzw. pakistanischen Kaschmir erreicht. Wenn wir die Pole des Planeten ausklammern, ist dies das Gebiet mit der höchsten Konzentration an Gletschern sowie das einzige, das sich in einem leichten Gegentrend zum globalen Phänomen des Abschmelzens und der steigenden Temperaturen befindet, eine Anomalie, für die es noch immer keine genaue und überzeugende Erklärung gibt. Der Laila Peak liegt oberhalb des Gondogoro-Gletschers, zwischen Chogolisa und Masherbrum (auch bekannt als Bride Peak und K1, wobei Letzterer fälschlicherweise für den höchsten Berg im Karakorum gehalten wurde, aber nicht einmal zu den Achttausendern zählt, sodass sich niemand wirklich für ihn interessiert). Er fällt auf und verzaubert mit seiner Form, ein Stachel, der den Himmel durchbohrt, ein Nagel, der bereit ist, die Leinwand zu zerreißen. Seine Grate sind perfekt gerade, als hätte sie jemand mit der Kunstfertigkeit eines Bildhauers gemeißelt. Aber was diesen Berg einzigartig macht, ist die Nordwestwand: eine spektakuläre Rampe, die in einem 45°-Winkel über 1500 m abfällt, eine himmlische Vision für Extremskifahrer, ein Traum für wenige. Die umliegenden Berge scheinen seine Haltung zu imitieren, ohne seine Wucht zu erreichen, vielleicht aus Angst oder Respekt. So erinnert die Landschaft an das Exoskelett einer prähistorischen Kreatur, das von knöchernen Platten und scharfen Spitzen geschützt wird, die jeden verletzen, der ihm zu nahe kommt. Kurioserweise gibt es in Pakistan noch zwei weitere Berge gleichen Namens, die aber nur 7000 bzw. 6000 m erreichen.

INOFFIZIELLE UND OFFIZIELLE EROBERUNGEN

~

Um die Wende der 1980er- und 1990er-Jahre gab es in diesem Gebiet eine Vielzahl von Klettertouren, die ohne ordnungsgemäße behördliche Genehmigung durchgeführt wurden. Der Fall des Laila Peak ist in dieser Hinsicht emblematisch. Im Jahr 1987 erreichte Simon Yates diesen Gipfel zusammen mit seinen Begleitern Sean Smith und Mark Miller, konnte aber niemandem davon erzählen, weil die Expedition nicht genehmigt war. Yates selbst hatte zwei Jahre zuvor auf der Siula Grande (peruanische Anden) die klassische Geschichte erlebt, die man niemandem wünscht: Sein Partner Joe Simpson hatte sich bei einem Sturz das Bein gebrochen, und nachdem Simon ihm durch allmähliches Abseilen über mehrere Seillängen geholfen hatte, waren die beiden in einen nächtlichen Sturm geraten. Simpson hing dann über einer Gletscherspalte und wurde nur noch von Yates' Seil gehalten, doch dieser musste es durchschneiden, um nicht mit hinuntergerissen zu werden. Unglaublicherweise gelang es dem verletzten Begleiter, sich zu retten. Später rechtfertigte er Yates' Entscheidung und erzählte die Geschichte in dem Buch *Sturz ins Leere*. Um auf den Laila Peak zurückzukommen: Die erste offizielle Besteigung ist auf das Jahr 1997 datiert und wird von einer Gruppe von Italienern, bestehend aus Iacchini, Cavagnetto, Della Vedova, Ongari und Ruggeri, unterzeichnet. Auf dem Gipfel bestätigt ein Gaskanister, in den die Namen der Engländer eingraviert sind, Yates' frühere Besteigung, die er in seinem autobiografischen Buch *The Flame of Adventure* festgehalten hat.

SKIFAHREN UND TRÄUMEN

MAN KANN NICHT ÜBER DEN LAILA PEAK SPRECHEN, OHNE DAS SKIFAHREN ZU ERWÄHNEN. WÄHREND EINE SOLCHE WAND FÜR VIELE EINEN ALPTRAUM DARSTELLT, IST SIE FÜR DIE WENIGEN UNERSCHROCKENEN DAS ÄQUIVALENT ZUM SPIELZEUGLAND. NACH DEN AUSSAGEN DERJENIGEN, DIE DIE EHRE UND DEN WAGEMUT HATTEN, ES ZU VERSUCHEN, SIND DIE ANZIEHUNGSKRAFT UND DIE BEGEISTERUNG FÜR DIESE EINZIGARTIGE ROUTE UNWIDERSTEHLICH UND ANSTECKEND; MAN BRAUCHT KEINE ANGST ZU HABEN, DENN DIES IST DIE PERFEKTE WELLE. DIE GEFORDERTEN FÄHIGKEITEN UND DIE ENTSCHLOSSENHEIT SIND EXTREM HOCH, ABER DAS FÜHRT ZU EINER NATÜRLICHEN AUSLESE: UM HIER EINE EXPEDITION ZU MACHEN, MUSS MAN SICH SCHWIERIGKEITEN STELLEN, DIE ÜBER GEWÖHNLICHE FREIZEITAKTIVITÄTEN HINAUSGEHEN.

Ungeachtet von Geschicklichkeit, Organisation und Liebe zum Detail spielt leider auch das Glück eine wichtige Rolle, und das wissen diejenigen, die sich an solchen Aktivitäten beteiligen, ganz genau. Die Expedition von vier jungen Italienern – Zeno Cecon, Carlo Cosi, Enrico Mosetti und Leonardo Comelli – geht auf das Jahr 2016 zurück. Trotz ihres jungen Alters (damals zwischen 25 und 27 Jahre alt) sind die jungen Männer erfahren und gut vorbereitet: Zwei von ihnen sind bereits Bergführer, einer ist Skilehrer und der andere – ein Bergfotograf – besucht einen Kurs zum Bergführer. Das Projekt ist ehrgeizig, aber bis ins kleinste Detail durchdacht, um die Auswirkungen des Zufalls so weit wie möglich zu begrenzen. Am Tag des Aufstiegs kommen die vier 150 m vor dem Gipfel an, beschließen aber, aufzugeben, weil die Schneeverhältnisse riskant erscheinen. Trotz dieser umsichtigen Entscheidung verliert Leonardo während der Abfahrt die Kontrolle über seine Skier, stürzt 400 m die eisige Wand hinab und stirbt unter den hilflosen Blicken seiner Freunde. Wie immer in solchen Fällen gibt es keine Antwort auf die Tausenden von Fragen, die sich stellen, es bleibt nur die schwierige Akzeptanz eines Schicksals, das zu lieben, was man liebt.

2018 gelang es zwei Gruppen, die gesamte Wand einschließlich des Gipfels zu befahren. Im Fall der internationalen Expedition, zu der auch der Turiner Bergsteiger Cala Cimenti gehört, ereilt Julian Danzer das Unglück: Er verliert einen Ski im Überhang und ist gezwungen, mit Eispickel und Steigeisen abzusteigen, was seinen langersehnten Moment zunichtemacht. Weitaus tragischer ist das Schicksal von Cala, einem beeindruckenden Bergsteiger, der schon mit 12 Jahren den Mont Blanc bestiegen und auch den Nanga Parbat bezwungen hat. 2021 kommt er in Sestriere, in der Nähe seiner Heimat, in einer Lawine um.

K2

Höhe: 8611 m ü.d.M.
Prominenz: 4020 m
Topografische Isolation: 1316 km
Koordinaten: Breitengrad 35°52'57" N; Längengrad 76°30'48" O
Referenzort: Grenze zwischen Pakistan und Xinjiang (China)

EIN GERECHTER FEHLER

Der K2 erhielt diesen frechen und modernen Namen, weil man ursprünglich dachte, er sei der zweithöchste Gipfel im Karakorum. Später stellte sich heraus, dass der K1 erheblich niedriger war, aber der Name K2 blieb. Dieser zweite Platz schmälert nicht den Stolz des Bergs, der mit seiner ausgeprägten Pyramidenform und seiner Dominanz über seine Nachbarn visuell „mehr Berg" ist als der Mount Everest selbst. Von den vier Wänden liegen zwei im Norden auf der chinesischen Seite, während die anderen nach Süden zeigen und zu Pakistan gehören. Wenn die Höhendebatte, die ihn eine Zeit lang in Konkurrenz zum Mount Everest stellte, durch die jüngsten Erhebungen endgültig überwunden ist, scheinen die Rollen in Bezug auf die Schwierigkeit der Besteigung entscheidend vertauscht zu sein. Wenn wir wie der heilige Thomas glauben, dass wir sehen und anfassen müssen, um zu glauben, ist das Unterfangen ziemlich kompliziert. Einfacher ist es, denjenigen zu vertrauen, die alle Achttausender der Erde ohne Sauerstoff bestiegen haben und einen guten Vergleich haben: Reinhold Messner ist der Meinung, dass der K2 unter Berücksichtigung von Höhe und Gefahr zweifellos der anspruchsvollste Achttausender ist. Nicht zu unterschätzen ist die Tatsache, dass auf dem K2 die bergsteigerischen Ansprüche über den gesamten Aufstieg verteilt sind, während sich auf seinem Bruder Mount Everest die schwierigsten Passagen auf niedrigere Höhen konzentrieren. Außerdem gibt es auf dem „wilden Berg" nur sehr wenige Orte, die sich für die Einrichtung von Höhenlagern eignen. All diese Faktoren machen den K2 zum dritttödlichsten Berg und 2021 zum letzten Achttausender, der im Winter bestiegen wird, mehr als 40 Jahre nach dem Mount Everest.

DER BERG DER ITALIENER

~

Die Eroberung des K2 ist eine italienische Geschichte, mit jahrzehntelangen Kontroversen und einer Wahrheit, die jahrelang von Neid, Missgunst, Anschuldigungen und Eifersucht untergraben wurde.

Die ersten Versuche gehen auf den Beginn des 20. Jahrhunderts zurück, aber der bedeutendste Schritt wurde 1909 von der Expedition unter der Leitung von Luigi Amedeo di Savoia, Herzog der Abruzzen, unternommen. Er erschloss eine Route auf dem östlichen Ausläufer des Bergs und gab ihr seinen Namen. Der Fotograf Vittorio Sella dokumentierte das Kunststück, aber der Gipfel wurde nicht erreicht. In den 1930er-Jahren scheiterten zwei Versuche aufgrund von Versorgungsproblemen und schlechtem Wetter, die Leiche des Millionärs Dudley Wolfe wurde erst 2002 gefunden. Eine weitere amerikanische Expedition im Jahr 1953 endet mit dem Tod eines Mitglieds, Art Gilkey, der von einer Lawine mitgerissen wird, während seine Gefährten versuchen, ihn in Sicherheit zu bringen, da sein Gesundheitszustand aufgrund der Höhe sehr ernst ist. Aber es ist das folgende Jahr, in dem das kontroverse und heldenhafte Kapitel der Eroberung geschrieben wird. Die Expedition war schon vor ihrem Beginn umstritten, weil große Bergsteigerpersönlichkeiten wie Riccardo Cassin, Cesare Maestri und Gigi Panei, die vielleicht zu stark und unabhängig für den von Ardito Desio gewünschten militärischen Ansatz waren, mit gefälschten medizinischen Untersuchungen ausgeschlossen wurden.

Als das italienische Team Anfang April 1954 vor Ort eintrifft, beginnt eine anstrengende Vorbereitung und ein langer Anmarsch zum pakistanischen Koloss. Das Basislager befindet sich auf über 5000 m. Dort hält Ardito Desio, damals 57 Jahre alt, an, um die Einsätze per Funk zu koordinieren. Der Transport von Material und Ausrüstung in der Höhe geht weiter, obwohl der Bergführer Mario Puchoz aus Courmayeur wegen eines Lungenödems ausfällt. Erich Abram, Walter Bonatti und Ubaldo Rey gelingt es mit großartiger Teamarbeit, die Fixseile an der Schwarzen Pyramide in rund 7000 m Höhe anzubringen. Am 31. Juli pflanzen Lino Lacedelli und Achille Compagnoni zur Freude der italienischen Nation zum ersten Mal ihre Flagge auf dem Gipfel des K2. Dieser Triumph duldet keine Schatten, und so werden die Fakten der vorangegangenen Nacht unter den Teppich gekehrt und Bonatti muss mehr als 50 Jahre kämpfen, bis seine Version der Ereignisse anerkannt wird. Am 30. Juli, während Bonatti und der einheimische Bergführer Amir Mahdi alles daran setzten, die Sauerstoffflaschen für den letzten Aufstieg auf den Gipfel hinaufzubringen, beschloss Compagnoni, das Lagerzelt 9 m höher als vereinbart aufzustellen. Mahdi und Bonatti finden bei ihrer Ankunft niemanden vor. Es ist inzwischen dunkel und der Wind dämpft ihre verzweifelten Rufe, die von den anderen beiden kaum gehört werden. Lacedelli selbst stellt in einer nachträglichen Überprüfung der Fakten die Hypothese auf, dass Compagnonis Beharren auf der Verlegung des Lagers aus der Befürchtung resultierte, dass Bonatti sich an der letzten Heldentat beteiligen und die Rolle seiner Bergsteiger schmälern wollte. Tatsache ist, dass Mahdi und Bonatti (41 und 19 Jahre alt), nachdem sie ihre Pflicht erfüllt haben, indem sie die Flaschen in Sichtweite platziert haben, gezwungen sind, einen Unterschlupf im Schnee zu graben und die Nacht in der Kälte auf einer Höhe von 8000 m und bei -40 °C zu verbringen. Lacedelli und Compagnoni behaupten außerdem, dass ihnen lange vor Erreichen des Gipfels der Sauerstoff ausgegangen sei, und beschuldigen Bonatti, einen Teil davon für das eigene Überleben im Freien verwendet zu haben, was unmöglich war, da die Masken (die für das Funktionieren der Flaschen unerlässlich sind) sicher in ihren Rucksäcken lagen. Dieses Detail war Gegenstand vieler Diskussionen, auch angesichts der Fotos, die Compagnoni mit angelegtem Atemgerät auf dem Gipfel zeigen, und des Unsinns, ein paar leere, schwere Flaschen ohne Grund auf den Gipfel geschleppt zu haben. Über die Affäre wurden Bücher geschrieben und Dokumentarfilme gedreht; wahrscheinlich wird die Wahrheit nie vollständig ans Licht kommen, aber mit der gründlichen Arbeit der CAI-Aufsatzkommission, die 1994 begonnen und 2004 vorgelegt wurde, sind wir Bonattis Version schon sehr nahe gekommen. Jetzt ruhen alle Protagonisten hoffentlich in Frieden: Amir Mahdi ist 1999 von uns gegangen, Ardito Desio starb 2001 im Alter von über 100 Jahren, Lacedelli und Compagnoni sind 2009 gestorben und Walter Bonatti hat diese Welt 2011 verlassen. Sie alle haben dazu beigetragen, diese rühmliche und zugleich unrühmliche Geschichte zu schreiben.

EINE OFFENE HERAUSFORDERUNG

BIS HEUTE IST DIE BESTEIGUNG DES K2 EINE SEHR GROSSE HERAUSFORDERUNG. ZWISCHEN 1954 UND 2021 HABEN ES NUR 377 MENSCHEN AUF DEN GIPFEL GESCHAFFT, OBWOHL DIE STEIGENDE ZAHL DER ANFRAGEN UND GENEHMIGUNGEN ÄHNLICHE ÜBERFÜLLUNGSPROBLEME WIE AM MOUNT EVEREST ERWARTEN LÄSST. DIE ZAHLREICHEN UNFÄLLE ZEUGEN VON DER EXTREMEN SCHWIERIGKEIT, DIE TROTZ DES TECHNISCHEN FORTSCHRITTS FORTBESTEHT.

Die beliebteste Route folgt dem Südostgrat und beginnt auf 5400 m, wo am Godwin-Austen-Gletscher ein Basislager eingerichtet werden kann. Auf dem Weg nach oben gibt es viele steile und ausgesetzte Hänge. Das letzte Hindernis auf dem Weg zum Gipfel ist der Bottleneck, in der Nähe der Serac-Wand auf dem Ostgipfel. Der K2 hat schon viele Opfer gefordert, 13 im Jahr 1986 und 11 innerhalb weniger Stunden im Jahr 2008, als mehr als 30 Bergsteiger am selben Tag den Aufstieg zum Gipfel versuchten.

Das Gilkey Memorial, ein Steinhaufen, der zum Gedenken an den 1953 verstorbenen amerikanischen Bergsteiger errichtet wurde, hat sich im Laufe der Zeit in ein kollektives Mausoleum verwandelt, das leider immer weiter wächst und zahlreiche Tafeln mit den Namen derer beherbergt, die sich an diesem herrlichen und erbarmungslosen Berg geopfert haben.

KAILASH

Höhe: 6638 m ü.d.M.
Prominenz: 1319 m
Topografische Isolation: nicht festgelegt
Koordinaten: Breitengrad 31°04'01" N; Längengrad 81°18'46" O
Referenzort: Darchen, Tibet

DAS JUWEL IM SCHNEE

Vor dem türkisfarbenen Himmel erhebt sich ein dunkler, oben schneebedeckter Felsblock. Er ist wie eine perfekte Pyramide, die von narbenähnlichen Rissen durchzogen ist. In dieser kahlen, staubigen Falte Tibets könnte man meinen, man befände sich außerhalb der Welt, am äußeren Rand der Galaxie, aber stattdessen ist das Zentrum des Universums genau hier. Der Berg Kailash ist ein unantastbarer Gipfel, nicht weil ein Gesetz der Menschen es verbietet, sondern weil der Respekt vor den Göttern es gebietet. In der Nähe dieses Bergs, nahe der beiden großen Seen, dem Manasarovar und dem Rakshastal, entspringen einige der längsten Flüsse Asiens: der Indus, der Sutlej, der Brahmaputra und der Karnali, ein bekannter Nebenfluss des Ganges. Das Gebiet wurde 1935 von dem Orientalisten Giuseppe Tucci besucht und beschrieben, als in unseren Breiten noch sehr wenig über Tibet bekannt war. Trotz des Verbots, den Gipfel zu besteigen, herrscht hier ein ruhiges und murmelndes Treiben von Pilgern und sogar Touristen – sie verhalten sich respektvoll und sind von einer spirituellen Neugier auf den Ort getrieben, auch wenn sie die Hilfe von Yaks für den Transport von Essen, Gepäck und Getränken und in einigen Fällen einen Ausritt zu Pferd in Anspruch nehmen können. Das ist erstaunlich, wenn man bedenkt, wie abgelegen und wild die Gegend ist, durchzogen von einem eisigen und tückischen Klima, zu dem noch die Unannehmlichkeiten der Höhe hinzukommen. Niemand ist also hier, um die Höhe des Bergs herauszufordern, niemand ist hier, um seinen Gipfel zu besitzen; jeder ist hier, um ihn zu umwandern und seiner Seele zu huldigen.

KORA

~

Stellen Sie sich vor, Sie kämen so voran: Sie knien sich auf den steinigen Boden, lassen sich auf allen vieren nach vorne fallen und legen sich dann mit ausgestreckten Armen flach auf den Boden. Nun richten Sie sich wieder auf und gehen zwei oder drei Schritte zu dem Punkt, den Sie liegend mit den Händen erreicht haben. Nun knien und legen Sie sich wieder hin, bis Sie den Stein an Ihrem Gesicht spüren. Markieren Sie erneut mit den Fingern das Ziel Ihres nächsten Schritts und stehen Sie wieder auf. Wiederholen Sie diese Geste, wie ein Pendel, das jedes Mal ein kleines Stückchen Boden gewinnt. Dabei beten oder rezitieren Sie Ihr Mantra ununterbrochen. Sie sind von vielen anderen Menschen umgeben und doch gibt es keinen Wettbewerb zwischen Ihnen. Gelegentlich überholt Sie jemand in einem gemächlichen Tempo, aber nichts stört Sie, nicht einmal die Schmerzen in Ihren Gelenken oder die Müdigkeit, nicht einmal Hunger oder Durst. Langsam legen Sie auf diese Weise 54 km zurück, was natürlich viele Tage dauert. Ab und zu rasten Sie an den dafür vorgesehenen Plätzen, und das alles in einer Höhe zwischen 4000 und 5600 m auf dem Dolma-Pass. Es klingt verrückt, doch es gibt so viele Verrückte und so viele Überzeugte, dass es einen stutzig macht. Es ist die Kora, eine meditative Erfahrung, die auf einem kreisförmigen Weg basiert, der um etwas Heiliges, genannt *né*, herumführt, während *né*

korwa der Pilger ist. Der Pilger umrundet also den Berg Kailash, was mindestens einmal im Leben empfohlen wird. Die 108-malige Umrundung des Bergs dagegen garantiert die vollständige Überwindung aller negativen Gedanken, die die gesamte Existenz des Menschen durchzogen haben, Reinkarnationen eingeschlossen. Dieser Berg wird verehrt, aber nicht bestiegen. Schon das Verlassen der Pfade der Kora, um den Gipfel anzusteuern, wird als extremes Sakrileg angesehen. Denn dies ist die Heimat der Götter, der Verbindungspunkt zwischen dem irdischen und dem göttlichen Reich, sodass es den Menschen obliegt, diese Grenze zu respektieren. Dieser Weg wird von den Gläubigen der verschiedenen Religionen, die den Kailash verehren, beschritten: Buddhisten und Hindus gehen ihn im Uhrzeigersinn, dem Lauf der Sonne folgend, während Jains und Bönpo in die entgegengesetzte Richtung gehen. Es gibt diejenigen, die Niederwerfungen vermeiden, aber unerbittlich bis zum Ende gehen. Kurz gesagt, die Formeln sind nicht starr: Was zählt, ist die Reinigung des Karmas, die auf diese Weise erreicht wird. Viele entledigen sich derweil auch eines persönlichen Gegenstands, den sie als Zeichen der Erneuerung zurücklassen.

MYTHOS UND REALITÄT

DIE PILGER GEHÖREN VIER VERSCHIEDENEN RELIGIONEN AN: HINDUS GLAUBEN, DASS DIES DER AUFENTHALTSORT VON SHIVA IST, DER IN STÄNDIGEM VERKEHR MIT SEINER GEMAHLIN PARVATI VEREINT IST, BUDDHISTEN BETRACHTEN IHN ALS DAS ZENTRUM DER WELT UND ALS HEIMAT VON BUDDHA, JAINS GLAUBEN, DASS ES DER ORT IST, AN DEM RISHABHA, DER ERSTE IHRER HEILIGEN, DIE BEFREIUNG ERLANGTE, WÄHREND FÜR DIE BÖN-RELIGION SIPAIMEN, DIE GÖTTIN DES HIMMELS, AUF DEM GIPFEL RESIDIERT.

Natürlich ist ein solcher Berg ein wahrer Schmelztiegel von Geschichten, Glaubensvorstellungen und Legenden, zudem genießt er das Privileg, noch nie bestiegen worden zu sein. Die Tibeter sehen dort das Dach einer Pagode inmitten eines Mandalas, das den göttlichen Raum des Demchog darstellt, wo man den Weg der Offenbarung beschreiten und irdische Leidenschaften und Illusionen hinter sich lassen kann. Anlässlich von Saga Dawa, einem buddhistischen Fest, das zwischen Ende Mai und Anfang Juni stattfindet, wird in diesen Gegenden ein langer Mast mit Tausenden von bunten Gebetsfahnen aufgestellt. Steht der Pfahl nicht vollkommen gerade, folgt eine Zeit des Unheils für Tibet. Viele Westler haben versucht, das Wesen dieser Orte zu beschreiben, aber vielleicht werden sie immer eine Herausforderung für unser Verständnis bleiben. Es mag uns als Zeitverschwendung erscheinen, zum Haus Gottes zu reisen, wohl wissend, dass wir keinen Fuß dorthin setzen können. Wir strengen uns an, nur um zu entdecken, dass Gott schließlich überall ist, und zweifellos auch in uns, oder auf der Couch zu Hause auf uns wartet. Wir hätten es allerdings nicht gemerkt, wären wir nicht aufgebrochen.

MOUNT EVEREST

Höhe: 8848 m ü.d.M.
Prominenz: 8848 m
Topografische Isolation: unbegrenzt
Koordinaten: Breitengrad 27°59'17" N; Längengrad 86°55'31" O
Referenzort: Khumbu-Gletscher, Grenze zwischen Nepal und China

WEIL ER DA IST

Chomolungma („Mutter des Universums"), Sagarmatha („Göttin des Himmels"), oder einfacher Everest (George, ein britischer Kartograf) – der höchste Berg der Welt. Das erste Opfer seiner Faszination ist George Mallory, Leiter mehrerer Expeditionen in den 1920er-Jahren. Seine Erklärung, warum er ihn so unbedingt besteigen will, ist ebenso berühmt wie entwaffnend: „Weil er da ist." Bis heute weiß niemand, ob er es geschafft hat oder nicht. Auf jeden Fall lag seine Leiche von seinem Tod 1924 bis zu ihrem Auffinden 1999 nur 250 m vom Gipfel entfernt. Obwohl die glaubwürdigste Hypothese lautet, dass er vor der Besteigung des Gipfels gestorben ist, lässt das Fehlen des Fotos seiner Frau, das er bei sich hatte, Raum für die romantische Hypothese, dass er es wirklich auf dem Gipfel zurückgelassen hat, wie es seine Absicht war. Die offizielle Erstbesteigung erfolgte 1953 durch Edmund Hillary (später Sir) und Tenzing Norgay, die sich entschieden, nicht zu verraten, wer von den beiden zuerst den Fuß auf den Gipfel setzte. Tenzing, der auf den ersten Blick eine unbedeutende Figur zu sein scheint, entpuppt sich als eine Persönlichkeit von einzigartigem Charme. Er stammt aus mehr als bescheidenen Verhältnissen und zog in seiner Kindheit von Tibet nach Nepal, wo er zunächst als Träger, dann (dank seiner Fähigkeiten) als aktives Mitglied von Expeditionen und schließlich, nach seiner Leistung am Everest, als berühmter und einflussreicher Mann Karriere machte. Sein Geburtstagsdatum fällt merkwürdigerweise mit dem der berühmten Besteigung zusammen, und das ist kein Zufall, sondern eher eine Wahl, die darauf zurückzuführen ist, dass er selbst seinen eigenen Geburtstag nicht kannte. Auf dem Gipfel suchen die beiden vergeblich nach einem Hinweis auf Mallory und seinen Begleiter Andrew Irvine. Tenzing seinerseits hinterlässt an der Stelle die Flaggen der UNO, Großbritanniens, Indiens und Nepals, Kekse und Schokolade für die Götter, eine Packung Bonbons, eine katzenförmige Puppe und zwei Bleistifte seiner Tochter. Seitdem ist dieser Ort das begehrte Ziel zahlreicher Expeditionen, sogar zu vieler. Jon Krakauers Reportage *In eisige Höhen* erzählt von der Tragödie von 1996, die acht Bergsteiger mit dem Leben bezahlten. Sie erfroren in einem überraschenden Sturm. Dies verdeutlicht die Risiken, die durch mangelnde Organisation und Oberflächlichkeit entstehen. Probleme, die sich im Laufe der Zeit noch verschlimmert haben.

RICHTIG DÜNNE LUFT

~

Heute ist alles leichter zugänglich, sogar der Mount Everest. Wir haben diese gesunde Angst, die uns manchmal das Leben rettet, verloren. Alles in allem finden wir auch hier das Gegenstück zu dem klassischen Touristen in Flip-Flops, der heute in vielen westlichen Bergregionen zu sehen ist. Nicht, dass Zugänglichkeit an sich ein Makel wäre, aber hier hat sie einen vielschichtigen Bumerangeffekt. Die Wetterumschwünge sind weder sanft, noch warnen sie im Voraus, die Kälte und vor allem die Höhe belasten selbst den stärksten Organismus.

Obwohl dies zum Teil subjektiv ist – denn jeder Körper reagiert auf seine eigene Weise –, gibt es eine Schwelle, die sogenannte Todeszone, jenseits derer sich der Organismus nicht akklimatisieren kann, sondern nur noch eine gewisse Zeit überlebt, während die Zellen abzusterben beginnen. Außerdem beeinträchtigt die Sauerstoffarmut die kognitiven Fähigkeiten und damit auch die Fähigkeit, die richtigen Entscheidungen zu treffen. Wir können mit Sicherheit sagen, dass kein Organismus lange Zeit über 8000 m aushalten kann (in manchen Fällen sprechen wir von Tagen, aber manchmal können auch ein paar Stunden zu viel tödlich sein).

Die Liste der Todesfälle am Everest ist länger als eine Einkaufsliste vor einem Lockdown. Einige stehen im Zeichen des alpinen Heldentums, andere erscheinen so tragisch dumm und trivial, dass sich die Frage aufdrängt, ob sie es wert waren. Dies gilt für die Todesfälle durch zu lange Warteschlangen für den Aufstieg zum Gipfel – im Mai 2019 wurde ein Maximum von 200 Ankünften an einem Tag erreicht, mit Wartezeiten von mehr als zwei Stunden im Stehen –, eine Situation, die durch Desorganisation und das Geschäft mit den Genehmigungen verursacht wurde, da das für den Aufstieg günstige Zeitfenster recht kurz ist.

Die Geschichte von Sergei Arsentiev und Francys Distefano, die sich im Mai 1998 ereignete, hat den Beigeschmack einer Shakespeare-Tragödie. Der Russe und die Amerikanerin, Ehemann und Ehefrau, ineinander verliebt, aber vor allem vereint durch die tiefe Liebe zum Bergsteigen. Sie will die erste Amerikanerin sein, die den Gipfel ohne Sauerstoff erreicht, er will ihr helfen, diesen Traum zu verwirklichen. Koste es, was es wolle. Zwei Missgeschicke zwingen sie dazu, den endgültigen Aufstieg zu verschieben und zu diesem Zeitpunkt wäre es klüger gewesen, aufzugeben, aber die vielen Stunden, die sie in dieser Höhe verbracht haben, lassen sie nicht mehr klar denken. Sie schaffen das Kunststück erst am dritten Tag. Auf dem Rückweg, in der Nacht, werden sie getrennt, und er merkt es erst, als er das Zelt erreicht hat. Sie ist neben dem Weg in 8600 m Höhe zusammengebrochen, im Delirium und nicht mehr in der Lage, sich zu bewegen. Eine vorbeikommende Expedition versucht am nächsten Morgen, ihr zu helfen, aber sie reagiert nicht. In der Zwischenzeit geht er wieder hinauf, um nach ihr zu suchen. Für jemanden, der tagelang in über 8000 m Höhe geklettert ist, ist es eine übermenschliche Anstrengung. Wo das Körperliche nichts ausrichten kann, übernimmt die Liebe die Führung: Sergei erreicht sie tatsächlich, obwohl er weiß, dass es für sie beide das Ende bedeuten wird. Eine weitere Nacht vergeht. Wahrscheinlich hat das Paar sie nebeneinander verbracht. Am nächsten Morgen hält der südafrikanische Bergsteiger Ian Woodall an, um Francys zu retten, die nun im Sterben liegt. Alles, was von Sergei übrig ist, sind sein Eispickel, ein Stück Seil und der Weg ins Nichts. Woodall kann nichts mehr für sie tun, aber er wägt den Wert von Leib und Leben ab, während er – psychisch verwundet durch das, was er gesehen hat – sicher zu seiner Frau Cathy zurückkehrt. Neun Jahre später nimmt Ian an einer Expedition teil, deren Ziel nicht der höchste Gipfel der Welt ist, sondern die Überreste von Francys, die seither an derselben Stelle eingefroren und den Blicken aller Vorübergehenden ausgesetzt sind. Keine kleine Geste: Die meisten Leichen derjenigen, die den Strapazen der Höhe erlegen sind – ganz zu schweigen von denen, die abgestürzt sind oder von Lawinen weggefegt wurden –, bleiben dort liegen, weil es zu riskant ist, sie zu bewegen. Es ist sogar schon mehrmals vorgekommen, dass jemand bei dem Versuch, eine Leiche zu bergen, gestorben ist – ein makabrer Teufelskreis.

STERNE UND MÜLL

GENAU HIER, AUF DEM HÖCHSTEN GIPFEL, DEN DIE ERDE UNS GEWÄHRT, EINEM ORT, DEN WIR SELBST FÜR DIE UNGLÄUBIGSTEN HEILIG HALTEN MÖCHTEN – EINE ART HEILIGTUM DER NATUR UND DES RESPEKTS –, GIBT ES EINEN GREIFBAREN BEWEIS DAFÜR, WIE ABSCHEULICH DER MENSCH SEIN KANN, EIN PARASIT, DER IN DER LAGE IST, ALLES, WAS ER BERÜHRT, IN MÜLL ZU VERWANDELN, WIE EIN KÖNIG MIDAS DES DRECKS.

Jährlich erreichen rund 600 Menschen den Gipfel, was einen durchschnittlichen Aufenthalt von mehreren Monaten in den drei Akklimatisierungslagern erfordert. Jeder dieser Menschen, ganz zu schweigen von all den Nebenindustrien, die sich um sie drehen, produziert einen unvorstellbaren Müllberg. Das Bewusstsein wird geschärft, Projekte wie die Umwandlung von Müll in Kunstwerke helfen, aber sie reichen nicht aus, um das Phänomen einzudämmen, das heute zu den vielen ökologischen Notfällen, deren Protagonisten und Förderer wir sind, gehört. Die globale Erwärmung gibt uns also mit einem gewissen Sinn für Humor allmählich all die schönen Souvenirs zurück, von denen wir dachten, wir hätten sie für immer im Schnee gelassen. Aber lustig ist das nicht!

AMA DABLAM

Höhe: 6812 m ü.d.M.
Prominenz: 1027 m
Topografische Isolation: nicht festgelegt
Koordinaten: Breitengrad 27°51'39" N; Längengrad 86°51'39" O
Referenzort: Tal von Khumbu Himal, Nationalpark Sagarmatha

MUTTER UND IHRE HALSKETTE

Wir leben in schwierigen Zeiten, in denen wir zugunsten der sozialen Medien ständige Begeisterung zeigen müssen, aber gleichzeitig ein Gefühl der Betäubung verspüren, eine Hit-and-Run-Routine, die unsere Emotionen zermahlt und sie uns fast fade zurückgibt. Wir sehen fast alles durch einen Bildschirm und es scheint alles offensichtlich, bereits gesehen und banal zu sein. Dabei braucht es nur wenig, um das Wunder wiederzuentdecken. So kann es sein, wenn Sie in die Augen eines Menschen sehen, der Ihr Herz zum Schlagen bringt, so ist es mit Ihrem Lieblingslied, das im Radio läuft, so ist es mit den Bergen. Sie werden denken, dass dies der schönste Berg der Welt ist – ja, Sie werden das Wort „schön" verwenden. Sie haben nach anderen Worten gesucht und kehren dann zu dem einfachsten zurück. Sie werden sich wundern, wie das Wunder sich selbst erneuern kann, Sie werden sich wundern, wie ein per Definition falscher und unmöglicher Gedanke, „der schönste Berg", gleichzeitig auch wahr ist. Sie werden auf parabolische Vergleiche zurückgreifen, wie die Dichter die Musen zu Hilfe riefen: Angesichts der Form der Ama Dablam zum Beispiel werden Sie die Matterhorn-Karte ausspielen. Tatsächlich ist dieser Berg wegen seiner schlanken Form als das Matterhorn des Himalaya bekannt, aber vielleicht sagt uns sein wirklicher Name mehr. „Mutter und ihre Halskette" bezieht sich auf die seitlichen Grate, die wie Arme den Eindruck erwecken, dass der zentrale Abschnitt zum Gipfel hin ein weiblicher Hals ist und dass der Berg selbst, trotz seines strengen Gipfels, eine Umarmung und Schutz darstellt. Sein berühmter Nachbar ist der Mount Everest, der einen besonderen visuellen Kontakt mit der Ama Dablam hat.

HEIMLICHE EROBERUNG

~

Die Geschichte der Erstbesteigung dieses Bergs hat ihre Besonderheiten, aber damit keine Zweifel aufkommen, weisen wir darauf hin, dass die beiden ersten Versuche in den Jahren 1958 und 1959 tragisch scheiterten. Im ersten Fall kapitulierte das Team vor dem schlechten Wetter und den Schwierigkeiten der Südwestwand auf 6000 m, im zweiten wurde es noch schlimmer, denn die britischen Bergsteiger Michael Harris und George Fraser lösten sich kurz vor Erreichen des Gipfels in Luft auf. Die Expedition von 1961 hatte dagegen andere Ziele, insbesondere sollte sie Studien über die Reaktionen des Körpers auf die Höhe durchführen. Leiter dieses Teams war ein gewisser Edmund Hillary, ein Name, der den meisten Aufmerksamen bekannt vorkommen wird. Tatsächlich aber befand sich der Everest-Bezwinger, obwohl er die Expedition leitete, zu dieser Zeit in den Vereinigten Staaten zu einer Vortragsreihe und war bereit, Nepal zu erreichen, um sich später anzuschließen. Die Gruppe vor Ort wurde jedoch trotz der faszinierenden Beobachtungen eines einheimischen Pilgers, der aus freien Stücken bei -15 °C ohne Handschuhe, Schlafsack oder Winterkleidung im Freien schlief, bald von ihren Studien abgelenkt und von der Anziehungskraft der Ama Dablam überwältigt. Der Winter hielt sie nicht auf, und schon gar nicht das Wissen, dass sie nicht über die notwendigen Genehmigungen verfügten: Am 13. März setzten die Neuseeländer Mike Gill und Wally Romanes, der Amerikaner Barry Bishop und der Engländer Mike Ward ihre Eispickel auf dem Gipfel der schönen Dame an. Die makellose bergsteigerische Leistung bescherte den Gipfelstürmern jedoch eine Rechnung für ihre bürokratischen Unzulänglichkeiten: Die nepalesische Regierung drohte lautstark mit Klagen und Strafen für den respektlosen Streich. Nur die mühsame Vermittlung von Sir Hillary, der riskierte, des Landes verwiesen zu werden, noch bevor er das Flugzeug verlassen hatte, konnte den Tag mit vielen Entschuldigungen und einer Geldstrafe von 60 Dollar retten.

EIN ORT, ZWEI WELTEN

EINE FASZINIERENDE PERSPEKTIVE AUF DIESEN BERG, AUF SEINE GESCHICHTE UND AUF DEN UNTERSCHIED IN DER WAHRNEHMUNG ZWISCHEN EINHEIMISCHEN UND FREM-DEN BIETET DER FILM *AMA DABLAM – DRAMA AM HEILIGEN BERG* UNTER DER REGIE VON REINHOLD MESSNER. AUSGEHEND VON EINER WAHREN GESCHICHTE NUTZT DER BERGSTEIGER AUS BRIXEN DIE GELEGENHEIT, EIN GESAMTBILD ZU ZEICHNEN. DIE FAKTEN GEHEN AUF DAS JAHR 1979 ZURÜCK. REINHOLD BEFINDET SICH MIT DEM ARZT OSWALD OELZ IM BASISLAGER, ALS VIER BERGSTEIGER IN DER WAND VON EINEM EISBLOCK, DER SICH VOM BERGMASSIV LÖST, GETROFFEN WERDEN.

Nur drei überleben, aber sie harren verwundet auf einem Felsvorsprung aus. Durch eine seltsame Fügung des Schicksals befindet sich Peter Hillary, der Sohn des berühmten Sir Edmund, unter ihnen. Die waghalsige Rettungsaktion ist mit einer Geschichte des Orts verwoben. Hierher, aus dem Khumbu-Tal, kam das Volk der Sherpa, das mit 20.000 Yaks aus dem Osten Tibets aufbrach; folglich ist dieser Berg heilig und so werden auch die Erlebnisse der Westler gedeutet. Das Verschwinden der ersten beiden Entdecker, die sich am Gipfel versuchten, war ein klares Zeichen dafür, dass der Berg nicht akzeptiert, dass man ihm Gewalt antut. Die neue Episode wird also als Bestrafung gesehen: Peter Hillary büßt nun für die Sünden seines Vaters, der für die Expedition, die den Berg ohne Genehmigung bestiegen hatte, verantwortlich war, was zu einer exemplarischen Bestrafung führte. In der Verfilmung mit Simon Messner als Darsteller seines Vaters (im wahrsten Sinne des Wortes, denn die Kleidung im Film ist originalgetreu) werden die beiden Versionen dargestellt, ohne sie zu verurteilen, nach dem Prinzip, dass eine schöne und kraftvolle Geschichte immer etwas zu lehren hat, ohne dass es einer Moral oder eines erhobenen Zeigefingers bedarf.

FUJIYAMA

Höhe: 3776 m ü.d.M.
Prominenz: 3776 m
Topografische Isolation: 2077 km
Koordinaten: Breitengrad 35°21'48" N; Längengrad 138°43'34" O
Referenzort: Insel Honshū,
Grenze zwischen den Präfekturen Shizuoka und Yamanashi

ENDLOSE ANSICHTEN DES UNVERGLEICHLICHEN

Man hat das Gefühl, ihn auf jedem Bild von Japan zu finden, mit der stillen und diskreten Präsenz eines autoritären Vaters, der im Hintergrund bleibt, aber da war, da ist und da sein wird, egal was passiert, bei jedem Wetter.

Er ist der heilige Berg, der höchste Japans, der sogar von Tokio aus zu sehen ist und sich dank Hokusais 36 Ansichten gut in das Gedächtnis einprägt. Der von fünf Seen umgebene Fujiyama ist ein Stratovulkan, der nach und nach durch die Überlagerung von Lava nach vier intensiven Aktivitätsphasen geformt wurde. Man nimmt an, dass sein heutiges Aussehen etwa 10.000 Jahre alt ist. Er befindet sich genau dort, wo die Philippinische Platte unter die Eurasische Platte sinkt, eine tektonische Bewegung, die durch das Schmelzen von Gestein eine große magmatische Ansammlung in der Tiefe verursacht. Die letzte Eruption, bekannt als Hōei, fand 1707 statt und dauerte über zwei Wochen, wobei sogar das heutige Tokio mit einer dicken Ascheschicht bedeckt wurde. Trotz seiner glatten und regelmäßigen Form, die in der Ikonografie so sprichwörtlich ist, ist der Fujiyama voller Erhebungen, Schluchten und Höhlen, die durch den Lavastrom und die anschließende Arbeit von Wind, Schnee und Wassererosion entstanden sind. Gerade das Wasser ist eine große Ressource dieser Gegend, nützlich für die Bewohner und die Industrie, aber auch für Pflanzen und Tiere. Die 20 m hohen und 200 m breiten Shiraito-Wasserfälle fließen aus einem langen Spalt zwischen zwei Lavaschichten und speisen den Shiba-Fluss. Das Klima auf dem Gipfel ist rau, und Schnee bedeckt den Boden in der Regel zehn Monate im Jahr, aber es ist nicht ausgeschlossen, dass er auch im Juli und August fällt.

PILGER

~

Die heiligen Berge in Japan lassen sich nicht zählen, aber der Fujiyama ist zweifellos der heiligste. Laut einem alten japanischen Sprichwort, das mehrfach überarbeitet wurde, ist die Zahl der empfohlenen Besteigungen sehr eindeutig: „Es gibt zwei Arten von Wahnsinn: den derjenigen, die den Berg Fuji nicht mindestens einmal besteigen, und den derjenigen, die versuchen, ihn ein zweites Mal zu besteigen.“ Der Erste der diese Pilgerreise unternahm, war der buddhistische Mönch En No Gyōja im Jahr 663. Die Besteigung war Frauen lange Zeit verboten, obwohl einige das Verbot in Männerkleidung umgangen haben sollen. Ein einziger Verstoß, nämlich der von Fanny Parkes, der Frau eines britischen Diplomaten, die 1867 den Fujiyama bestieg, brachte den Wandel in Gang. Die Götter reagierten darauf nicht mit Eruptionen, Erdbeben oder Störungen verschiedener Art, und auch die Menschen fanden die Angelegenheit nicht so unschicklich, sodass das Verbot innerhalb von fünf Jahren aufgehoben wurde, zusammen mit einer Reihe von Reformen, die Japan dazu brachten, sich zu modernisieren und vom Feudalismus wegzukommen. Das war in der aufgeklärten Meiji-Zeit. Heute ist der Berg Fujiyama im Juli und August für Pilger geöffnet.

DER BERG UND DER MOND

UM DIESEN BERG RANKEN SICH VIELE GESCHICHTEN IN DEN UNTERSCHIEDLICHSTEN VERSIONEN, DIE EINEN GEWISSEN SPIELRAUM FÜR INTERPRETATIONEN LASSEN. VOR ALLEM DIE GESCHICHTE VON KAGUYAHIME LIEBT DAS JAPANISCHE VOLK, DAS EINER INTIMEN UND MYSTISCHEN VORSTELLUNG VON SCHÖNHEIT ANHÄNGT UND GERNE DEN MOND ODER DIE KIRSCHBLÜTE BETRACHTET UND DIE VERGÄNGLICHKEIT DIESER FARBEXPLOSION ZU SCHÄTZEN WEISS.

Der Bambusschneider und seine Frau sind seit Langem verheiratet und haben trotz eifriger Gebete nie ein Kind bekommen. Eines Tages findet der Mann in einem Bambushalm ein kleines Mädchen von wenigen Zentimetern, aber wunderschön und gesund. Das alternde Ehepaar kann die empfangene Gnade kaum glauben und adoptiert das Kind sofort. In den folgenden Tagen findet der Mann in jedem Bambus Goldnuggets und seine Familie wird in kurzer Zeit reich. Aus Angst, all dies könnte zu schön sein, um wahr zu sein, genießt das Paar den Komfort im Verborgenen und schützt seine Tochter – die schnell zu einer wunderschönen Frau heranwächst – vor den Tücken der Außenwelt. Aber sie können nicht verhindern, dass es sich herumspricht, und so treffen aus ganz Japan Freier ein, die sie alle zurückweist. Den fünf Prinzen, die eines Tages anklopfen und um ihre Hand anhalten, verspricht sich Kaguyahime im Tausch gegen fünf äußerst seltene Gegenstände, die so selten sind, dass die Prinzen aufgeben müssen oder sogar sterben, ohne sie zu finden. Sogar der Kaiser verliebt sich in sie und wird höflich abgewiesen. Erst dann offenbart Kaguyahime ihren Eltern, dass sie vom Mond stammt und keinen Menschen heiraten kann. Das Kind ist ein Geschenk an das Paar und nach dessen Tod wird sie auf ihren Heimatplaneten zurückkehren. Als der Kaiser die traurige Wahrheit erfährt, versucht er, sie mithilfe seiner Armee aufzuhalten, aber alles, was er von ihr bekommt, ist ein Spiegel, in dem er sie von Zeit zu Zeit betrachten kann. Wahnsinnig vor Kummer jagt er sie so hoch wie möglich, bis auf den Gipfel des Fujiyama, bis ihm der Spiegel aus der Hand fällt und Feuer fängt. Und genau das ist der Grund, warum der Berg von Zeit zu Zeit seinen Rauch nach oben bläst, in Richtung des Monds, wo Kaguyahime nun unerreichbar lebt. In anderen Versionen ist das Vermächtnis der Mondjungfrau das Elixier des langen Lebens, aber das Ende ist ähnlich: Der Kaiser lehnt ein Leben ohne ihre Liebe ab, geschweige denn ein ewiges Leben, also wirft er die kostbare Flüssigkeit in den Vulkan und nur eine schwache Rauchfahne steigt zu unserem silbernen Satelliten auf.

ULURU
(oder AYERS ROCK)

Höhe: 863 m ü.d.M.
Prominenz: 348 m
Topografische Isolation: nicht festgelegt
Koordinaten: Breitengrad 25°20'42" S; Längengrad 131°02'10" O
Referenzort: Nationalpark Uluṟu-Kata Tjuṯa

DIE SPITZE DES EISBERGS

Es gibt nicht nur eine Art Berg, sondern jeder Berg hat seine eigene Art und Weise, ein Berg zu sein. Der gemeinsame Nenner ist die Energie, die sie in ihrer absoluten Stille freisetzen, der kontemplative und spirituelle Respekt, den sie denjenigen, die sich in ihrer Gegenwart befinden, einflößen. Letztlich ist es das Gefühl, weit mehr wahrzunehmen, als man sieht, das berühmte „für die Augen unsichtbare Wesentliche", von dem Saint-Exupéry sprach ... der Berg scheint etwas darüber zu wissen und flüstert es uns in einer Sprache zu, die wir verstehen können, ohne die Details zu deuten.

Der Uluru ist einer dieser Berge, die weder einen Gipfel noch eine große Höhe haben und sich dennoch aufdrängen, als wäre er der Nabel der Welt. Nicht nur, dass sich der endlose Busch, der ihn umgibt, zu seinen Füßen bis zum letzten Horizont verneigt, um seine Dominanz zu unterstreichen, sondern es ist klar, dass er noch mehr zu bieten hat. Tatsächlich ist der zu sehende Monolith nur ein kleiner Teil eines riesigen Sandsteinblocks, der 7000 m tief in die Erde ragt und zu dem andere Reliefs in 25 km Entfernung gehören. Der Uluru, der von den Siedlern Ayers Rock getauft wurde, hat einen Umfang von 9 km und ist von steilen, etwa 350 m hohen Klippen umgeben. Das Kleid des Uluru sorgt dank des hohen Eisenanteils in seinen Mineralien für wunderbare Lichtspiele und nimmt vor allem bei Sonnenauf- und -untergang wechselnde Farbtöne an, die von Ocker über Bronze bis hin zu Violett, Gold, Hellrot und Dunkelrot reichen.

AHNENMYTHEN

~

Rund um die Felsen des Uluru gibt es zahlreiche Felsmalereien, die den Yankunytjatjara- und Pitjantjatjara-Ureinwohnern heilig sind. Einige sind schon Tausende von Jahren alt. Sie stellen Szenen aus alten Mythen dar und erzählen die Geschichten der Traumzeit, die mit der Entstehung der Welt zusammenhängen. Die Traumzeit ist eine Art Urknall, bei dem die Ahnengötter die Erde mit ihren Meeren, Seen, Flüssen und Bergen erschaffen. Zum Schluss wird der Mensch geboren, der die Aufgabe hat, über das göttliche Werk zu wachen. Obwohl viele dieser Legenden als Geheimnisse gehütet werden und den Piranypas (den Nicht-Einheimischen, also uns) nicht offenbart werden, sind einige bekannt. Die Schlange zum Beispiel beschloss, nachdem sie eine trockene Wüste durchquert hatte, einen gigantischen Samen zu pflanzen, um das Leben zu beginnen. Es sollte ein großer Baum wachsen, in dessen Schatten Pflanzen und Tiere gedeihen sollten. Um dies zu erreichen, forderte die Schlange reichlich Regen, aber der Samen blieb unfruchtbar, zu groß, um zu keimen. Im Laufe der Zeit verwandelte er sich in einen harten, roten Felsen, den Uluru.

Mehr oder weniger jedes Zeichen, jeder Fleck oder Riss hat eine Erklärung: ob es das Blut der Schlange Liru ist, die die Eier der Python Kuniya gestohlen hat, oder die Löcher im Fels, die eine rote Rieseneidechse gemacht hat, um den Bumerang zu finden, den sie auf den Berg geworfen und verloren hatte.

DIE BITTERE WAHRHEIT

IN DER NACHT ZUM 17. AUGUST 1980 GESCHAH EINE TRAGÖDIE, DIE DIE ÖFFENTLICHKEIT FÜR LANGE ZEIT IN ATEM HALTEN SOLLTE: DIE KLEINE, ERST ZWEI MONATE ALTE AZARIA CHAMBERLAIN VERSCHWAND, ALS SIE MIT IHREN ELTERN UNTERHALB DES ULURU ZELTETE. DIE MUTTER LANDETE WEGEN KINDERMORDS VOR GERICHT, ABER DIE MEDIEN HATTEN SIE LÄNGST FÜR SCHULDIG ERKLÄRT.

Die Affäre kostete sie drei Jahre Gefängnis und viele weitere, in denen sie um ihren Ruf kämpfte, selbst nachdem sie freigesprochen worden war. Es hatte sich herausgestellt, dass ein Dingo das kleine Mädchen zerfleischt und getötet hatte. Einer Traumzeitlegende zufolge hatte übrigens auch ein Dingo die gesamte örtliche Bevölkerung ausgerottet, um sie zu bestrafen, nachdem sie einen feindlichen Stamm verspeist hatte.

Die einheimischen Völker haben lange um ein Verbot gekämpft, den Berg zu besteigen. Doch zugunsten der Tourismusindustrie mussten sie dulden, dass dieser heilige Ort täglich von Hunderten rüpelhafter Reisender entweiht wurde. An einem eigens dafür angebrachten Geländer kletterten sie wie auffällig gekleidete Ameisen den Felsen hinauf. Angesichts des Abhangs und vor allem der hohen Temperaturen und der unbarmherzigen Sonne war dies jedoch nicht ohne Risiko: Nicht wenige Ausländer sind an diesem Ort einem Herzinfarkt erlegen. Seit 2019 ist das Klettern verboten. Damit ist ein Prozess der Wiedergutmachung seitens des weißen Mannes abgeschlossen. In gewisser Weise hat er den Einheimischen ihre Würde und Entscheidungsfreiheit zurückgegeben.

BILDNACHWEIS

S. 9 Eugene Ga / Shutterstock
S. 10-11 Sakarin Sawasdinaka / Shutterstock
S. 12 Jnjphotos / Shutterstock
S. 15 Enn Li Photography / Moment / Getty Images
S. 17 Steve Allen / Shutterstock
S. 20 Jason Chu / 500px / Getty Images
S. 23 Bruce Heinemann / Stockbyte / Getty Images
S. 24 Matt Kazmierski / Moment / Getty Images
S. 27 C. Fredrickson Photography / Moment / Getty Images
S. 28-29 Phitha Tanpairoj / Shutterstock
S. 31 Dancestrokes / Shutterstock
S. 32 Alexandree / Shutterstock
S. 34-35 Jonathan Murrish / EyeEm / Getty Images
S. 36 davidluna / RooM / Getty Images
S. 39 Martin Harvey / The Image Bank / Getty Images
S. 40 Galyna Andrushko / Shutterstock
S. 43 Mono Andes / Moment Open / Getty Images
S. 44-45 Giulio Ercolani / Alamy Stock Photo
S. 47 Galyna Andrushko / Shutterstock
S. 48 SL-Photography / Shutterstock
S. 51 Markus Daniel / Moment Open / Getty Images
S. 53 Adwo / Shutterstock
S. 54-55 Markus Daniel / Moment / Getty Images
S. 56 AIDE PAULMICHL / 500px / Getty Images
S. 59 Nataliya Hora / Shutterstock
S. 60-61 Olga Gavrilova / Shutterstock
S. 63 Marisa Estivill / Shutterstock
S. 64 Ana Luisa Correa / 500px / Getty Images
S. 66-67 Gambarini Gianandrea / Shutterstock
S. 68 Curioso.Photography / Shutterstock
S. 71 A.Pushkin / Shutterstock
S. 72-73 Javier Ghersi / Moment / Getty Images
S. 75 Milosz Maslanka / Shutterstock
S. 76 SinghaphanAllB / Moment / Getty Images
S. 78 borchee / E+ / Getty Images
S. 81 Laurie Noble / Stone / Getty Images
S. 82-83 Ratnakorn Piyasirisorost / Moment / Getty Images
S. 84 Patrick Möhl, Switzerland / Moment / Getty Images
S. 87 imageBROKER / Alamy Stock Photo
S. 89 Dmytro Tymchenko / Shutterstock
S. 90 Michal Ludwiczak / Shutterstock
S. 91 Graphene / Shutterstock
S. 92-93 O.C Ritz / Shutterstock
S. 94 Prisma by Dukas / Universal Images Group / Getty Images
S. 97 Nedjat Nuhi / Shutterstock
S. 98-99 Francesco Costa
S. 101 Francesco Costa
S. 102-103 georgeclerk / E+ / Getty Images
S. 104 Bkrzyzanek / Shutterstock
S. 107 Roberto Moiola / Sysaworld / Moment / Getty Images
S. 108 Oleg Senkov / 500px / Getty Images
S. 110-111 travelwild / Shutterstock
S. 113 AlbertoSimonetti / E+ / Getty Images
S. 114 Lubo Ivanko / Shutterstock
S. 117 Chris Whiteman / Alamy Stock Photo
S. 118-119 WLDavies / E+ / Getty Images
S. 121 Martin Harvey / The Image Bank / Getty Images
S. 122 Kanuman / Shutterstock
S. 125 Shawn Levin / Shutterstock
S. 126-127 Martin Harvey / DigitalVision / Getty Images
S. 129 Peter Unger / Stone / Getty Images
S. 130 Whatafoto / Shutterstock
S. 133 Naeblys / Shutterstock
S. 134-135 James Strachan / Photodisc / Getty Images

S. 137 Kamil Can YILMAZ / Shutterstock
S. 138 Photo by Zahra Mandana Fard, baraneh.com / Moment / Getty Images
S. 141 Deev Lab / EyeEm / Getty Images
S. 142-143 Yasaman Jalali / EyeEm / Getty Images
S. 145 Abbas Yousefshahi / Shutterstock
S. 146 Pakawat Thongcharoen / Shutterstock
S. 149 Francesco Costa
S. 150 Patrick Poendl / Shutterstock
S. 153 Feng Wei Photography / Moment Open / Getty Images
S. 154-155 Galen Rowell / Corbis Documentary / Getty Images
S. 156 Pornchai_Ar / Shutterstock
S. 158 Punnawit Suwattananun / Shutterstock
S. 160-161 Thrithot / Shutterstock
S. 163 Punnawit Suwuttananun / Moment / Getty Images
S. 164 Pornchai_Ar / Shutterstock
S. 166 Nadeem Khawar / Moment Open / Getty Images
S. 169 Hussain Warraich / Shutterstock
S. 170-171 Kitti Boonnitrod / Moment / Getty Images
S. 173 Patrick Poendl / Shutterstock
S. 174 msiudmak / Shutterstock
S. 177 luyao / Shutterstock
S. 178 Mikhail Vinnikov / 500px / Getty Images
S. 181 ShuHo / Shutterstock
S. 182-183 Storm Is Me / Shutterstock
S. 184 JohanSjolander / E+ / Getty Images
S. 186-187 Francis Cassidy / Alamy Stock Photo
S. 188 John Harper / Stone / Getty Images
S. 191 Kitti Boonnitrod / Moment / Getty Images
S. 193 Didier Marti / Moment / Getty Images
S. 194 hadynyah / E+ / Getty Images
S. 196 Ryan C Slimak / Shutterstock
S. 198-199 Sergej Onyshko / Shutterstock
S. 201 Daniel Prudek / Shutterstock
S. 202-203 Olga Gavrilova / Shutterstock
S. 204 Grant Faint / The Image Bank / Getty Images
S. 206 DoctorEgg / Moment / Getty Images
S. 208-209 yongyuan / E+ / Getty Images
S. 211 patthamapong / Shutterstock
S. 212-213 Dmitry Morgan / Shutterstock
S. 214 structuresxx / Shutterstock
S. 217 Ted Mead / The Image Bank Unreleased / Getty Images
S. 218-219 bmphotographer / Shutterstock
S. 221 Travelscape Images / Alamy Stock Photo

Titelfoto: Viaframe / Stone / Getty Images

NICOLA BALOSSI RESTELLI

~

Nicola Balossi Restelli ist Schriftsteller, wurde in Mailand geboren und lebt dort mit seiner Frau und seinen Kindern. Seine Leidenschaft gilt den Bergen, der Folklore und dem Sport. Er schreibt für verschiedene Online-Magazine und Blogs. Er arbeitet in den Redaktionen verschiedener Verlage, für die er auch Kurzgeschichten und Essays veröffentlicht hat.